Mario Vallorani

SUCCESSIONI

E

SERIE NUMERICHE

ANALISI MATEMATICA
A PORTATA DI CLIC

ad Agnese

Indice

Prefazione		v
1	**Le successioni**	**1**
	1.1 Concetto di successione	1
	1.2 Insiemi numerabili e loro proprietà	3
	1.3 Esempi di insiemi numerabili	5
	1.4 Successioni di numeri reali	7
	1.5 Punti limite di una successione	10
	1.6 Successioni convergenti, divergenti ed indeterminate . . .	14
	1.7 Minimo e massimo limite di una successione	19
	1.8 Relazione tra il carattere di una successione e quello delle sue sottosuccessioni	21
	1.9 Successioni monotòne - Il numero e	23
	1.10 Infinitesimi ed infiniti - Alcuni teoremi sui limiti	28
	1.11 Teoremi di Cesàro e loro conseguenze	42
	1.12 Come si esegue nella pratica l'operazione di limite	45
	1.13 Uso del teorema dei carabinieri	50
	1.14 Uso dei teoremi di Cesàro	51
	1.15 Uso della regola di De l'Hospital nel calcolo dei limiti delle successioni	53
	1.16 Criterio qualitativo di confronto tra infinitesimi	55
	1.17 Proprietà degli infinitesimi	59
	1.18 Principio di cancellazione degli infinitesimi	60
	1.19 Criterio quantitativo di confronto tra infinitesimi: ordine d'infinitesimo	63

1.20 Principio di sostituzione degli infinitesimi 64
1.21 Principio di sostituzione degli infiniti 66
1.22 Come si effettua l'operazione di limite su una successione la cui legge d'associazione è data per induzione 68

Esercizi sugli argomenti trattati nel Capitolo 1   73
Quesiti sulle successioni numeriche 73
Sull'ordine di infinitesimo 75
Sull'operazione di limite 76
Sull'operazione di limite quando la legge d'associazione della successione contiene un parametro 80
Sull'operazione di limite quando la legge d'associazione della successione è data per ricorrenza 83

Risposte agli esercizi del Capitolo 1   85

2 Le serie   89
2.1 Definizione di serie numerica 89
2.2 Esempi di serie numeriche 91
2.3 Informazioni fornite dal "procedimento" 96
2.4 Caratteri delle serie $\sum_{k=1}^{+\infty}(c \cdot a_k)$ e $\sum_{k=1}^{+\infty}(a_k + b_k)$ 101
2.5 Criterio di convergenza di Cauchy per le serie 103
2.6 Definizione di convergenza assoluta di una serie 107
2.7 Criteri di convergenza assoluta di una serie 109
2.8 Commenti al criterio del confronto e suo uso 111
2.9 Criterio del rapporto 113
2.10 Criterio della radice 116
2.11 Criteri della successione decrescente e dell'integrale . . . 119
2.12 Archivio di serie dal carattere conosciuto 124
2.13 Criterio del confronto asintotico 125
2.14 Criterio di convergenza di Leibniz 129
2.15 Maggiorazioni del resto di una serie assolutamente convergente 133
2.16 Proprietà distributiva 138
2.17 Proprietà associativa 138

2.18 Proprietà commutativa	141
2.19 Somme generalizzate di una serie a termini di segno costante e proprietà dell'insieme da esse costituito	142
2.20 Ancora sulla proprietà commutativa	143
2.21 Serie prodotto di due serie assegnate	147
2.22 Riflessioni finali	149

Esercizi sugli argomenti trattati nel Capitolo 2   **157**

    Sulla definizione di serie 157
    Sul calcolo della somma di una serie 159
    Sul carattere delle serie 162

Risposte agli esercizi del Capitolo 2   **173**

Prefazione

Questo libro fa parte della collana "Analisi matematica a portata di clic" costituita dai seguenti volumi:

- **Funzioni reali di una variabile reale**

- **Limiti e continuità**

- **Derivabilità, diagrammi e formula di Taylor**

- **Integrazione di funzioni reali di una variabile reale**

- **Successioni e serie numeriche**

La caratteristica di questi libri è di esporre i concetti senza fare un grande uso di simboli. Sono infatti convinto che la difficoltà che la maggior parte degli Studenti del primo anno incontra, sta nel fatto che non riesce a recepire i concetti espressi per mezzo di formule, non avendo ancora sufficiente dimestichezza con tale tipo di linguaggio.

Nella loro redazione ho consultato molti testi di analisi matematica in uso presso le nostre Università dai quali ho anche colto lo spunto per qualche dimostrazione ed ho preso qualche esempio particolarmente calzante.

Tali libri, nel loro complesso, coprono abbondantemente il programma di Analisi Matematica 1 delle nostre università e, da quando sono stati pubblicati, hanno aiutato tanti "Studenti in difficoltà" a superare il suddetto esame. Mi auguro che, ora che sono "a portata di clic", ne aiutino un numero sempre maggiore.

✳ ✳ ✳

Il libro è suddiviso in due capitoli.

Nel capitolo 1 viene data la definizione generale di successione e vengono studiate le successioni di numeri reali.

Nel capitolo 2 vengono studiate le serie numeriche.

Alla fine di ogni capitolo vi sono degli esercizi proposti, alcuni dei quali sono risolti per dare allo Studente un modello di risoluzione; di quelli non risolti, vengono date le soluzioni. È importante che lo Studente provi a risolverli, perché gli esercizi sono stati scelti in modo da costituire un *test di autovalutazione* della comprensione dei concetti trattati.

A chi non sa "da che parte iniziare", consigliamo di rileggere con maggiore attenzione la teoria contenuta nel capitolo corrispondente.

Ringrazio il professor Andrea Cittadini Bellini per aver curato la grafica del libro e l'ingegner Tomassino Pasqualini per averlo informatizzato.

L'autore

Capitolo 1

Le successioni

In questo primo capitolo vogliamo dare il concetto generale di *successione* soffermandoci dettagliatamente sulle *successioni di numeri reali*.

1.1 Concetto di successione

Nel libro "Funzioni reali di una variabile reale" di questa collana, quando abbiamo dato il concetto di funzione, abbiamo detto: per assegnare una funzione occorre dare "tre cose":

- un insieme $A \neq \emptyset$

- un insieme $B \neq \emptyset$

- una legge d'associazione f la quale ad ogni elemento di A "faccia corrispondere" un solo elemento di B.

Abbiamo detto anche che:

- l'insieme A si chiama *dominio* della funzione

- l'insieme B, *insieme d'arrivo*

- ogni elemento $x \in A$, *oggetto*, mentre l'elemento $y \in B$ che gli corrisponde, *immagine* di x e si denota con il simbolo $f(x)$

- l'insieme di tutti gli elementi $y \in B$ che sono immagini di *almeno* un elemento $x \in A$, *codominio* della funzione e si denota con $f(A)$.

- una funzione si denota poi con la seguente scrittura

$$f \ : \ A \longrightarrow B \qquad (1.1)$$

ove compaiono appunto i suoi tre costituenti: A, B, f.

Se il dominio A di una funzione è l'insieme $\mathbb{N}$, (pensato con il suo ordinamento naturale), la funzione si chiama *successione* indipendentemente dalla natura degli elementi di B (insieme d'arrivo).

Coerentemente con la notazione (1.1), per denotare una successione, bisognerebbe scrivere:

$$f \ : \ \mathbb{N} \longrightarrow B$$

però tale notazione non è molto usata; ad essa si preferisce quest'altra:

- detto n il generico elemento di $\mathbb{N}$, se f è il simbolo che denota la legge d'associazione, l'immagine di n viene abitualmente denotata con a_n anziché con $f(n)$ e la successione con $\{a_n\}$.

Gli elementi $n \in \mathbb{N}$ vengono poi chiamati *indici* e le loro immagini, *termini* della successione. Specificando poi di volta in volta la natura degli elementi di B (insieme d'arrivo), si parla di:

- successione di numeri naturali se è $B = \mathbb{N}$

- successione di numeri razionali se è $B = \mathbb{Q}$

- successione di numeri reali se è $B = \mathbb{R}$

- successione di numeri complessi se è $B = \mathbb{C}$

- successione di funzioni se B è l'insieme di tutte le funzioni aventi uno stesso dominio D.

In questo primo capitolo del libro vogliamo appunto occuparci delle successioni di numeri reali; prima di iniziare però la trattazione di questo caso specifico, diciamo due parole sugli insiemi numerabili e sulle loro proprietà.

1.2 Insiemi numerabili e loro proprietà

Il concetto di funzione invertibile, dato nel libro "Funzioni reali di una variabile reale" ci consente di effettuare un confronto tra le "numerosità" di due insiemi secondo la seguente *definizione*:

> **Dati due insiemi non vuoti A e B, si dice che essi hanno la *stessa potenza* (o lo *stesso numero cardinale*, o che sono *equipotenti*) se possono essere messi in *corrispondenza biunivoca* cioè se esiste una funzione invertibile f di A su B (e quindi una di B su A)**

Il concetto di equipotenza consente di dare un significato preciso alle locuzioni "insieme finito" ed "insieme infinito" e precisamente:

> **Si dice che un insieme $S \neq \emptyset$ è *finito* se esiste un numero naturale n tale che l'insieme $I_n = \{1, 2, \ldots, n\}$ sia equipotente a S. In caso contrario si dice che S è *infinito*.**

Esempi di insiemi infiniti sono: $\mathbb{N}, \mathbb{Z}, \mathbb{Q}, \mathbb{R}, \mathbb{C}$.

> **Ogni insieme equipotente a $\mathbb{N}$ è detto *insieme numerabile* e si dice anche che i suoi elementi costituiscono una *infinità numerabile*.**

Diamo ora alcuni teoremi sugli insiemi numerabili.

Teorema 1.1 *Il codominio di ogni successione è* finito *o* numerabile.

Dimostrazione
Data una successione $\{b_n\}$, se il suo codominio non è finito, si può stabilire una corrispondenza biunivoca tra $\mathbb{N}$ e detto codominio così:

- si pone $a_1 = b_1$;

- tra gli elementi successivi a b_1 si cerca il primo che sia distinto da b_1 e lo si indica con a_2 ;

- tra gli elementi successivi ad a_2 si cerca il primo che sia distinto sia da a_1 che da a_2 e lo si indica con a_3 e così via.

c.v.d.

Teorema 1.2 *L'insieme unione di un insieme finito e di uno numerabile è numerabile.*

La dimostrazione è molto semplice e viene lasciata allo Studente.

Teorema 1.3 *L'insieme unione di un numero finito o di una infinità numerabile di insiemi numerabili è numerabile.*

Dimostrazione
Siano $E_1, E_2, E_3, \ldots$ gli insiemi numerabili considerati. Con i loro elementi, supposti numerati, possiamo formare la seguente tabella:

$$\begin{array}{cccccc} E_1 & a_{11} & a_{12} & a_{13} & a_{14} & a_{15} & \ldots \\ E_2 & a_{21} & a_{22} & a_{23} & a_{24} & a_{25} & \ldots \\ E_3 & a_{31} & a_{32} & a_{33} & a_{34} & a_{35} & \ldots \\ \ldots & \ldots & \ldots & \ldots & \ldots & \ldots & \ldots \end{array}$$

avente un numero finito o infinito di righe ed infinite colonne. Gli elementi dell'insieme unione figurano tutti nella tabella e qualcuno può figurarvi pure più volte però mai nella stessa riga. Poiché possiamo costruire una successione nella seguente maniera:

$$1 \longrightarrow a_{11}$$

$$2 \longrightarrow a_{12}$$

$$3 \longrightarrow a_{21}$$

$$4 \longrightarrow a_{13}$$

$$\ldots \quad \ldots \quad \ldots$$

per il *Teorema 1.1* l'insieme $E_1 \cup E_2 \cup E_3 \cup \ldots\ldots$ è numerabile.

c.v.d.

§ 1.3 Esempi di insiemi numerabili

Teorema 1.4 *Se E è un insieme numerabile e F un sottoinsieme non vuoto di esso allora o F è finito o è numerabile.*

Dimostrazione
Supponiamo numerati gli elementi di E: $a_1, a_2, a_3, \ldots$. Se F non è finito, possiamo numerarne gli elementi in questo modo:

se a_{k_1} è il primo elemento di E che appartiene a F, poniamo $b_1 = a_{k_1}$;

se a_{k_2} è il primo elemento di E successivo ad a_{k_1} che appartiene a F, poniamo $b_2 = a_{k_2}$.

Proseguendo con tale ragionamento, concludiamo che F è numerabile.

c.v.d.

Il *Teorema 1.4* in sostanza afferma che dato un *insieme numerabile* E ogni suo sottoinsieme infinito, essendo numerabile, ha la stessa potenza di E. Per fissare le idee, diamo alcuni esempi di insiemi numerabili.

1.3 Esempi di insiemi numerabili

Esempio 1.1 *Ogni sottoinsieme infinito $\mathbb{N}'$ di $\mathbb{N}$ è numerabile.*

Dimostrazione
Essendo $\mathbb{N}$ numerabile in quanto ogni insieme è equipotente a se stesso, il *Teorema 1.4* assicura la numerabilità di $\mathbb{N}'$.

c.v.d.

Esempio 1.2 *L'insieme $\mathbb{Q}$ è numerabile.*

Dimostrazione
Se pensiamo $\mathbb{Q}$ come unione di $\mathbb{Q}^+$(insieme dei numeri razionali positivi), $\mathbb{Q}^-$(insiemi dei numeri razionali negativi) e $\{0\}$ e proviamo che $\mathbb{Q}^+$ e $\mathbb{Q}^-$ sono numerabili, il *Teorema 1.3* assicura che lo è anche $\mathbb{Q}^+ \cup \mathbb{Q}^-$ ed il *Teorema 1.2* che lo è $\mathbb{Q}^+ \cup \mathbb{Q}^- \cup \{0\}$ cioè $\mathbb{Q}$. Proviamo ora che $\mathbb{Q}^+$ è

numerabile. Ogni numero di $\mathbb{Q}^+$ figura infinite volte nel quadro

$$\begin{array}{cccccc} \frac{1}{1} & \frac{2}{1} & \frac{3}{1} & \frac{4}{1} & \frac{5}{1} & \frac{6}{1} & \cdots \\ \frac{1}{2} & \frac{2}{2} & \frac{3}{2} & \frac{4}{2} & \frac{5}{2} & \frac{6}{2} & \cdots \\ \frac{1}{3} & \frac{2}{3} & \frac{3}{3} & \frac{4}{3} & \frac{5}{3} & \frac{6}{3} & \cdots \end{array}$$

$$\cdots \quad \cdots \quad \cdots \quad \cdots \quad \cdots \quad \cdots \quad \cdots$$

Se, come nella dimostrazione del *Teorema 1.3*, costruiamo la successione

$$1 \longrightarrow \frac{1}{1}$$

$$2 \longrightarrow \frac{2}{1}$$

$$3 \longrightarrow \frac{1}{2}$$

$$4 \longrightarrow \frac{3}{1}$$

$$5 \longrightarrow \frac{2}{2}$$

$$\cdots \quad \cdots \quad \cdots$$

Il suo codominio è $\mathbb{Q}^+$ e, per il *Teorema 1.1*, $\mathbb{Q}^+$ è numerabile. In modo del tutto analogo si dimostra la numerabilità di $\mathbb{Q}^-$ e quindi, per quanto abbiamo precedentemente detto, $\mathbb{Q}$ è numerabile.

c.v.d.

Gli esempi esaminati non debbono far pensare che tutti gli insiemi infiniti sono numerabili; si prova infatti che l'insieme $\mathbb{R}$ non lo è, ma di questo non ci occuperemo in questo libro.

Torniamo ora a parlare di successioni di numeri reali.

1.4 Successioni di numeri reali

Abbiamo detto che le successioni di numeri reali sono particolari funzioni reali di una variabile reale. Vediamo quali sono le loro particolarità!

I) La legge d'associazione si può assegnare, oltre che per mezzo di una "formula", anche per *induzione* (o *ricorrenza*) cioè assegnando l'immagine a_1 del numero 1 e la relazione tra le immagini a_{n+1} ed a_n rispettivamente dei numeri $n+1$ ed n.

Spieghiamoci con un esempio!

Esempio 1.3
$$\begin{cases} a_1 & = 5 \\ a_{n+1} & = a_n + \frac{1}{a_n} \end{cases}$$

Come si vede:
$$1 \longrightarrow a_1 = 5$$
$$2 \longrightarrow a_2 = 5 + \frac{1}{5} = \frac{26}{5}$$
$$3 \longrightarrow a_3 = \frac{26}{5} + \frac{5}{26}$$
$$\ldots \quad \ldots \quad \ldots$$

II) Il *diagramma cartesiano* di una successione è costituito da infiniti "punti staccati" del piano cartesiano.

III) Ogni restrizione di una successione avente per dominio un sottoinsieme infinito $\mathbb{N}'$ di $\mathbb{N}$ si chiama *sottosuccessione* della successione data.

IV) Non esistono *successioni pari o dispari* perché il loro dominio $\mathbb{N}$ non è simmetrico rispetto allo zero.

V) Esistono *successioni periodiche* però il loro *periodo* T è un numero naturale. Se infatti non lo fosse, $n + T \notin \mathbb{N}$ e quindi di esso non si potrebbe calcolare l'immagine per confrontarla poi con l'immagine di n cioè con a_n.

VI) Esistono *successioni monotòne*. Per esse la definizione di monotonìa si può formalizzare in modo più snello rispetto a quella di una qualunque funzione reale di una variabile reale.

Possiamo infatti scrivere:

$\{a_n\}$ è *monotòna crescente* se $\qquad \forall n \in \mathbb{N} \Rightarrow a_n < a_{n+1}$

$\{a_n\}$ è *monotòna non decrescente* se $\qquad \forall n \in \mathbb{N} \Rightarrow a_n \leq a_{n+1}$

$\{a_n\}$ è *monotòna decrescente* se $\qquad \forall n \in \mathbb{N} \Rightarrow a_n > a_{n+1}$

$\{a_n\}$ è *monotòna non crescente* se $\qquad \forall n \in \mathbb{N} \Rightarrow a_n \geq a_{n+1}$.

VII) Esistono *successioni limitate inferiormente, superiormente* e *limitate*. Le definizioni sono le stesse date per le funzioni reali di una variabile reale. Per rinfrescare le idee ripetiamo la prima!

> **Una successione si dice *limitata inferiormente* se è limitato inferiormente il suo codominio. L'estremo inferiore del codominio si chiama poi *estremo inferiore della successione*.**

VIII) Date due successioni $\{a_n\}$ e $\{b_n\}$ è sempre possibile costruire le *successioni somma* $\{a_n+b_n\}$, *differenza* $\{a_n-b_n\}$ e *prodotto* $\{a_n \cdot b_n\}$ perché appunto tutte le successioni hanno lo stesso dominio.

È invece possibile costruire la *successione quoziente* $\{\frac{a_n}{b_n}\}$ solo nel caso che risulti $b_n \neq 0 \ \forall \ n \in \mathbb{N}$.

IX) Data una successione $\{a_n\}$, se consideriamo una sua *sottosuccessione* di dominio $\mathbb{N}'$, essendo quest'ultimo numerabile per il *Teorema 1.4*, esiste una successione $\{\nu_k\}$ avente per codominio $\mathbb{N}'$ e pertanto componibile con la sottosuccessione assegnata nell'ordine indicato nella figura seguente:

§ 1.4 *Successioni di numeri reali*

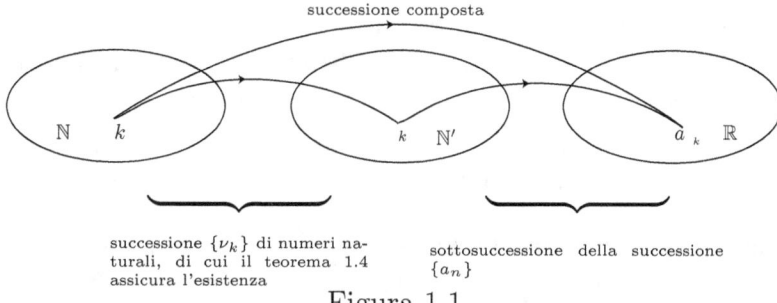

Figura 1.1

Il risultato di tale composizione è una successione $\{b_k\}$ avente per codominio quello della sottosuccessione di $\{a_n\}$ assegnata.

Illustriamo quanto abbiamo detto con un esempio.

Esempio 1.4 *Data la successione* $a_n = \frac{1}{n}$, $n \in \mathbb{N}$, *consideriamo la sua sottosuccessione di dominio* $\mathbb{N}' = \mathbb{N}_p$ *(insieme dei numeri naturali pari).*

Poiché $\mathbb{N}_p$ *è numerabile, possiamo costruire una successione* $\{\nu_k\}$ *di codominio* $\mathbb{N}_p$, *ad esempio*

$$\nu_k = 2k, \qquad k \in \mathbb{N}$$

ed, effettuando la composizione, come in figura, si ottiene la successione:

$$b_k = \frac{1}{2k}, \qquad k \in \mathbb{N}$$

la quale ha appunto lo stesso codominio della sottosuccessione

$$a_n = \frac{1}{n}, \qquad n \in \mathbb{N}_p.$$

X) Sulle successioni si può effettuare una sola operazione di limite:

$$\lim_{n \to +\infty} a_n$$

perché $+\infty$ è l'unico punto d'accumulazione di $\mathbb{N}$ pensato come sottoinsieme di $\widetilde{\mathbb{R}}$ ($\mathbb{R}$ ampliato).

Su tale questione ritorneremo nel paragrafo 1.6. Continuiamo intanto il nostro elenco di particolarità!

XI) Ricordando che una funzione è continua se lo è in ogni punto del suo dominio e che ogni funzione è sicuramente continua nei punti isolati del suo dominio, concludiamo che ogni successione è una funzione continua perché appunto il suo dominio $\mathbb{N}$ è costituito esclusivamente da punti isolati; anzi, è uniformemente continua.

XII) Ricordando che su di una funzione si può effettuare l'operazione di derivazione solo nei punti del suo dominio che sono d'accumulazione per esso, concludiamo che sulle successioni non ha senso effettuare l'operazione di derivazione in nessun punto del loro dominio essendo appunto $\mathbb{N}$ costituito esclusivamente da punti isolati.

Vediamo ora se, oltre ad essere finito o numerabile, il codominio di una successione gode di qualche altra proprietà!

1.5 Punti limite di una successione

Data una successione $\{a_n\}$, il suo codominio A può essere:

$$A \begin{cases} \textit{finito} \\ \textit{infinito} \end{cases} \begin{cases} \textit{limitato} \\ \textit{illimitato} \end{cases}$$

Se A è *finito* per lo meno uno dei suoi punti è immagine di infiniti $n \in \mathbb{N}$.

Detto l uno di tali punti, poiché esso appartiene a ciascuno dei suoi (infiniti) intorni,[1] concludiamo che a ciascuno degli infiniti intorni di l appartengono le immagini di infiniti $n \in \mathbb{N}$.

Se A è *infinito* e *limitato*, per il Teorema di Bolzano-Weierstrass, esso è dotato di almeno un punto d'accumulazione.

---
[1] Nel libro "Limiti e continuità", paragrafo 1.4, abbiamo detto che:
- ogni punto $x_0 \in \mathbb{R}$ ha infiniti intorni simmetrici $I(x_0, \delta) = (x_0 - \delta, x_0 + \delta)$
- ogni punto $x_0 \in \mathbb{R}$ appartiene a ciascuno dei suoi infiniti intorni

§ 1.5 Punti limite di una successione

Detto, anche in questo caso, l tale punto, poiché ad ogni suo intorno appartengono infiniti punti di A e ciascuno di essi è immagine di almeno un $n \in \mathbb{N}$, concludiamo che anche in questo caso esiste *per lo meno* un punto $l \in \mathbb{R}$ tale che a ciascuno dei suoi infiniti intorni appartengono le immagini di infiniti $n \in \mathbb{N}$.

Se A è *infinito* ed *illimitato*, se riguardiamo allora A come sottoinsieme di $\widetilde{\mathbb{R}}$ anziché di $\mathbb{R}$, sicuramente $-\infty$ o $+\infty$ o entrambi sono punti d'accumulazione per esso e quindi possiamo ripetere, per ciascuno di tali punti, quanto abbiamo detto per l nei casi precedenti.

Tutta l'analisi fatta può essere così riassunta:

- data una qualunque successione $\{a_n\}$ di numeri reali avente come insieme d'arrivo $\widetilde{\mathbb{R}}$, esiste *per lo meno* un punto $l \in \widetilde{\mathbb{R}}$ che gode della seguente proprietà: a ciascuno dei suoi infiniti intorni appartengono le immagini di infiniti $n \in \mathbb{N}$.

Se chiamiamo *punto limite* della successione ogni punto di $\widetilde{\mathbb{R}}$ che gode di tale proprietà, possiamo concludere che ogni successione è dotata di *almeno* un *punto limite* e quindi l'insieme L dei punti limite di una qualunque successione non è vuoto.

Chiariamo la definizione data con degli esempi.

Esempio 1.5 *Sia data la successione* $a_n = (-1)^n$, $n \in \mathbb{N}$.

Il suo codominio è: $A = \{-1, +1\}$.

Sia -1 che $+1$ sono suoi punti limite perché ciascuno di essi è immagine di infiniti $n \in \mathbb{N}$; esattamente -1 è immagine di ogni $n \in \mathbb{N}_d$ (insieme dei numeri naturali dispari) e $+1$ di ogni $n \in \mathbb{N}_p$. L'insieme L dei punti limite di tale successione coincide pertanto con il codominio di essa: $L = A$.

Esempio 1.6 *Sia data la successione* $a_n = \frac{1}{n}$, $n \in \mathbb{N}$. *Qui contrariamente a quanto accade nell'esempio precedente, il codominio è infinito:*

$$A = \left\{1, \frac{1}{2}, \frac{1}{3}, \ldots, \frac{1}{n}, \ldots\right\}.$$

Poiché in A non vi sono elementi immagine di infiniti $n \in \mathbb{N}$ e poiché 0 è l'unico punto d'accumulazione per A, concludiamo che tale successione ha un solo punto limite: 0.

L'insieme L dei punti limite è pertanto $L = \{0\}$.

Esempio 1.7 *Sia data la successione*

$$a_n = \begin{cases} -n, & \in \mathbb{N}_d \\ \frac{1}{n}, & n \in \mathbb{N}_p. \end{cases}$$

È facile convincersi che la sottosuccessione avente per dominio $\mathbb{N}_d$ ha per codominio l'insieme A_d costituito da tutti e soli gli interi negativi e dispari:

$$A_d = \{-1, -3, -5, \ldots\}$$

mentre la sottosuccessione di dominio $\mathbb{N}_p$ ha per codominio l'insieme A_p costituito dai reciproci dei numeri interi positivi e pari:

$$A_p = \left\{\frac{1}{2}, \frac{1}{4}, \ldots\right\}$$

Poiché è $A = A_d \cup A_p$ ed A_d, A_p hanno come unici punti d'accumulazione rispettivamente $-\infty$ e 0, concludiamo che tale successione ha due punti limite: $-\infty$ e 0.

L'insieme L dei punti limite è pertanto $L = \{-\infty, 0\}$.

Esempio 1.8 *Siano $\mathbb{N}_1, \mathbb{N}_2, \ldots, \mathbb{N}_n, \ldots$ un'infinità numerabile di sottoinsiemi infiniti di $\mathbb{N}$ tali da costituire una partizione di $\mathbb{N}$.[2] Se assegnamo una legge d'associazione così fatta:*

$$a_n = \begin{cases} 1, & se \quad n \in \mathbb{N}_1 \; ; \\ \frac{1}{2}, & se \quad n \in \mathbb{N}_2 \; ; \\ \frac{1}{3}, & se \quad n \in \mathbb{N}_3 \; ; \\ \ldots\ldots\ldots \end{cases}$$

---

[2]Dato un insieme non vuoto S, siano $A, A_1, A_2, \ldots, A_n$ sottoinsiemi non vuoti di esso. Si dice che $A_1, A_2, \ldots, A_n$ costituiscono una partizione di A se:

– la loro unione è uguale ad A

– a due a due sono disgiunti.

§ 1.5 Punti limite di una successione

otteniamo una successione avente infiniti punti limite: $1, \frac{1}{2}, \frac{1}{3}, \ldots$.

Questa successione, contrariamente alle successioni degli esempi precedenti è appunto dotata di infiniti punti limite.

Prima di tornare a parlare dell'operazione di limite, diamo un teorema che esprime un'importante proprietà dell'insieme L dei punti limite di una qualunque successione assegnata.

Teorema 1.5 *L'insieme L dei punti limite di una qualunque successione assegnata $\{a_n\}$ è dotato di minimo e di massimo.*

Dimostrazione
Se $-\infty$ e $+\infty \in L$ sicuramente essi sono rispettivamente il minimo ed il massimo di L in quanto, per l'ordinamento introdotto in $\widetilde{\mathbb{R}}$ si ha che: $\forall x \in \mathbb{R} \Rightarrow -\infty < x < +\infty$.

Se nè $-\infty$ nè $+\infty$ appartengono a L, distinguiamo i due casi: L finito e L infinito.

Se L è finito, sicuramente è dotato di minimo e di massimo.

Se L è invece infinito, per dimostrare che è dotato di minimo e di massimo basta far vedere che è chiuso cioè che ad esso appartengono tutti i punti della sua frontiera.

Poiché i punti di frontiera di un insieme che non gli appartengono sono d'accumulazione per esso, per dimostrare che L è chiuso basta far vedere che ad esso appartengono tutti i suoi punti d'accumulazione.

A tale scopo ragioniamo così:

se l_0 è punto d'accumulazione per L, ad ogni suo intorno appartengono infiniti elementi di L cioè infiniti punti limite.

Siccome ad ogni intorno di un punto limite appartengono le immagini di infiniti $n \in \mathbb{N}$, concludiamo che ad ogni intorno di l_0 appartengono le immagini di infiniti $n \in \mathbb{N}$ e pertanto l_0 è punto limite e quindi appartiene a L.

c.v.d.

In virtù di tale *teorema*, l'insieme L dei *punti-limite* della successione dell'*esempio 1.8* è:

$$L = \left\{ 1, \frac{1}{2}, \frac{1}{3}, \ldots, \frac{1}{n}, \ldots, 0 \right\}.$$

Nel libro "Limiti e Continuità" abbiamo visto che data una funzione

$$f : y = f(x) \quad , \quad x \in A \subseteq \mathbb{R} \subset \widetilde{\mathbb{R}}$$

se x_0 è punto d'accumulazione per A, l'operazione di limite

$$\lim_{x \to x_0} f(x)$$

dà solo informazioni circa la distribuzione nell'insieme d'arrivo $\widetilde{\mathbb{R}}$ delle immagini $f(x)$ dei punti $x \in A$ "vicini" al punto x_0 fissato, nulla però dice circa la distribuzione delle immagini $f(x)$ dei punti $x \in A$ "vicini" ad altri punti d'accumulazione per A.

In altre parole, l'operazione di limite dà solo informazioni di "carattere locale".

Poiché il dominio $\mathbb{N}$ di una successione ha un solo punto d'accumulazione: $+\infty$ e fuori di ogni intorno di esso vi è solo un numero finito di elementi di $\mathbb{N}$, c'è da aspettarsi che nel caso delle successioni l'operazione di limite dia un'informazione globale circa la distribuzione, nell'insieme d'arrivo $\widetilde{\mathbb{R}}$, delle immagini a_n dei punti $n \in \mathbb{N}$.

Torniamo allora a parlare dell'operazione di limite, come abbiamo preannunciato nel punto X) del paragrafo 1.4 per vedere che informazioni ci dà circa i punti limite della successione su cui si effettua.

Cominciamo con il fissare un po' di linguaggio!

1.6 Successioni convergenti, divergenti ed indeterminate

In base al risultato dell'operazione di limite, le successioni vengono classificate come appare nel seguente schema:

$$\lim_{n \to +\infty} a_n = \begin{cases} \text{esiste (regolare)} \begin{cases} = a \in \mathbb{R} \text{ (convergente ad } a\text{)} \\ = +\infty \text{ (divergente a } +\infty\text{)} \\ = -\infty \text{ (divergente a } -\infty\text{)} \end{cases} \\ \text{non esiste (indeterminata)} \end{cases}$$

§ 1.6 Successioni convergenti, divergenti e indeterminate.

e l'essere poi una successione *convergente*, *divergente* a $\pm\infty$ o *indeterminata* viene chiamato *carattere della successione*.

Sempre nel libro "Limiti e continuità" poi, data una funzione

$$f : y = f(x), \quad x \in A \subseteq \mathbb{R} \subset \widetilde{\mathbb{R}}$$

se x_0 è punto d'accumulazione per A, per esprimere che

$$\lim_{x \to x_0} f(x) = l \in \widetilde{\mathbb{R}}$$

abbiamo scritto:

$$\forall \varepsilon > 0 \quad \exists \delta_\varepsilon > 0 : \forall x \in (I(x_0, \delta_\varepsilon) - \{x_0\}) \cap A \Rightarrow f(x) \in I(l, \varepsilon) \ ^3 \quad (1.2)$$

Vediamo come tale notazione diviene più agile nel caso delle successioni!

Poiché nel caso delle successioni risulta:

$$A = \mathbb{N}$$

$$x_0 = +\infty \quad \text{e} \quad x = n$$

$$I(x_0, \delta_\varepsilon) = I(+\infty, \delta_\varepsilon) = (\delta_\varepsilon, +\infty)$$

$$I(x_0, \delta_\varepsilon) - \{x_0\} = (\delta_\varepsilon, +\infty) - \{+\infty\} = (\delta_\varepsilon, +\infty)$$

$$(I(x_0, \delta_\varepsilon) - \{x_0\}) \cap A = (\delta_\varepsilon, +\infty) \cap \mathbb{N},$$

l'insieme $(\delta_\varepsilon, +\infty) \cap \mathbb{N}$ è costituito dai numeri naturali $n > \delta_\varepsilon$.

---

[3] Veramente nel paragrafo 2.1 del libro "Limiti e continuità" abbiamo scritto:

$$\forall \varepsilon > 0 \quad \exists \delta_\varepsilon > 0 : \forall x \in (I(x_0, \delta_\varepsilon) - \{x_0\}) \cap A \ \text{ si ha } \ f(x) \in I(l, \varepsilon)$$

Qui abbiamo rimpiazzato il "si ha" con il simbolo $\Rightarrow$.

La scrittura (1.2) in realtà non è tanto "ortodossa" per una questione di "Logica degli enunciati". Di essa tuttavia faremo uso in questo libro perché è "meno pesante" dell'altra.

Poiché, come è facile convincersi, quest'ultimo insieme può essere denotato sostituendo il numero δ_ε con la sua parte intera $[\delta_\varepsilon]$, si ha:

$$(\delta_\varepsilon, +\infty) \cap \mathbb{N} = ([\delta_\varepsilon], +\infty) \cap \mathbb{N}.$$

Essendo poi la parte intera di un numero positivo, un numero naturale, possiamo scrivere $[\delta_\varepsilon] = n_\varepsilon$ e la (1.2) nei tre casi in cui la successione è regolare diviene rispettivamente:

$$\forall \varepsilon > 0 \quad \exists n_\varepsilon \quad : \quad \forall n > n_\varepsilon \Rightarrow a_n \in I(a, \varepsilon) = (a - \varepsilon, a + \varepsilon), \quad (1.3)$$
$$\forall \varepsilon > 0 \quad \exists n_\varepsilon \quad : \quad \forall n > n_\varepsilon \Rightarrow a_n \in I(+\infty, \varepsilon) = (\varepsilon, +\infty), \quad (1.4)$$
$$\forall \varepsilon > 0 \quad \exists n_\varepsilon \quad : \quad \forall n > n_\varepsilon \Rightarrow a_n \in I(-\infty, \varepsilon) = (-\infty, -\varepsilon), \quad (1.5)$$

Tenendo poi presenti le definizioni di intorno di: un numero, di $+\infty$ e di $-\infty$, le (1.3), (1.4), (1.5) possono, in forma ancora più agile, essere scritte rispettivamente così:

$$\forall \varepsilon > 0 \quad \exists n_\varepsilon \quad : \quad \forall n > n_\varepsilon \Rightarrow |a_n - a| < \varepsilon \quad (1.3')$$
$$\forall \varepsilon > 0 \quad \exists n_\varepsilon \quad : \quad \forall n > n_\varepsilon \Rightarrow a_n > \varepsilon \quad (1.4')$$
$$\forall \varepsilon > 0 \quad \exists n_\varepsilon \quad : \quad \forall n > n_\varepsilon \Rightarrow a_n < -\varepsilon \quad (1.5')$$

Le (1.3), (1.4) e (1.5) mostrano che il limite di una successione regolare è il suo unico punto limite in quanto fuori di un qualunque suo intorno vi sono al più le immagini a_n di n_ε oggetti (indici). Possiamo allora concludere:

– se una successione è regolare, essa è dotata di un solo punto limite che è appunto il limite.

Ci chiediamo ora:

– vale il viceversa? Cioè se una successione ha un solo punto limite, è essa regolare?

È facile intuire che la risposta è affermativa.

Detto infatti l l'unico punto limite della successione, se fissiamo un qualunque $\varepsilon > 0$ al di fuori dall'intorno $I(l, \varepsilon)$ non vi possono essere le

§ 1.6 *Successioni convergenti, divergenti e indeterminate.*

immagini di infiniti $n \in \mathbb{N}$ altrimenti la successione avrebbe altri punti limite contro l'ipotesi.

Se denotiamo con n_ε il più grande numero naturale che ha l'immagine fuori dell'intorno $I(l, \varepsilon)$ possiamo allora scrivere:

$$\forall \varepsilon > 0 \quad \exists n_\varepsilon \quad : \quad \forall n > n_\varepsilon \Rightarrow a_n \in I(l, \varepsilon)$$

e quindi concludere che l è il limite. Riassumendo tutta l'analisi fatta possiamo allora dire:

- condizione necessaria e sufficiente affinché una successione sia regolare è che abbia un solo punto limite.

In particolare la successione è convergente se il suo unico punto limite è un numero, divergente rispettivamente a $\pm\infty$ se è invece $\pm\infty$. Se vogliamo utilizzare il criterio ora enunciato per scoprire se una data successione è convergente dobbiamo quindi fare due cose:

I) constatare che la successione è limitata

II) constatare che l'insieme L dei suoi punti limite è costituito da un solo elemento.

Poiché fare ciò non è in generale agevole, si pone il problema di ricercare qualche altro criterio nel quale non intervengano esplicitamente nè la limitatezza della successione nè i suoi punti limite.

Un tale criterio è stato trovato da Cauchy ed è conosciuto come *criterio di convergenza di Cauchy* per le successioni. Enunciamolo!

Teorema 1.6 - ***Criterio di convergenza di Cauchy***
Data una successione $\{a_n\}$, condizione necessaria e sufficiente affinché sia convergente è che:

$$\forall \varepsilon > 0 \quad \exists n_\varepsilon \quad : \quad \forall m, n > n_\varepsilon \Rightarrow |a_m - a_n| < \varepsilon. \tag{1.6}$$

Dimostrazione
(**Necessità**)   Se $\{a_n\}$ è convergente ed a è il suo limite, allora sussiste la (1.3') da cui segue che:

$$\forall \varepsilon > 0 \quad \exists n_\varepsilon \quad : \quad \forall m, n > n_\varepsilon \Rightarrow \begin{cases} |a_m - a| < \frac{\varepsilon}{2} \\ |a_n - a| < \frac{\varepsilon}{2} \end{cases}$$

Poiché si ha:

$$\begin{aligned} \mid a_m - a_n \mid &= \mid a_m - a + a - a_n \mid = \mid (a_m - a) + (a - a_n) \mid \leq \\ &\leq \mid a_m - a \mid + \mid a - a_n \mid < \tfrac{\varepsilon}{2} + \tfrac{\varepsilon}{2} = \varepsilon \end{aligned}$$

la necessità è quindi dimostrata.
(**Sufficienza**)   Poiché la (1.6) è soddisfatta $\forall m, n > n_\varepsilon$ lo è anche per $m = n_\varepsilon + 1$ e quindi si ha:

$$\forall \varepsilon > 0 \ \exists n_\varepsilon : \forall n > n_\varepsilon \Rightarrow \mid a_{n_\varepsilon + 1} - a_n \mid < \varepsilon. \tag{1.7}$$

Dall'ultima diseguaglianza scritta nella (1.7) si deducono due cose:

I) che fuori dall'intervallo $(a_{n_\varepsilon+1} - \varepsilon, \ a_{n_\varepsilon+1} + \varepsilon)$ vi sono le immagini al più di n_ε oggetti $n \in \mathbb{N}$ e pertanto i numeri

$$\min\{a_1, a_2, \ldots, a_{n_\varepsilon}, a_{n_\varepsilon+1} - \varepsilon\}$$

$$\max\{a_1, a_2, \ldots, a_{n_\varepsilon}, a_{n_\varepsilon+1} + \varepsilon\}$$

sono rispettivamente un minorante ed un maggiorante del codominio della successione e pertanto quest'ultima è limitata.

II) che fuori dall'intervallo $(a_{n_\varepsilon+1} - \varepsilon, a_{n_\varepsilon+1} + \varepsilon)$ non vi possono essere punti limite della successione in quanto per la I) non vi sono le immagini di infiniti $n \in \mathbb{N}$.

Per provare la convergenza della successione resta da far vedere che l'insieme L dei punti limite è costituito da un solo elemento.
  Ragioniamo per assurdo!
  Se L non fosse costituito da un solo elemento, detti rispettivamente l' e l'' il più piccolo ed il più grande dei punti limite, poiché entrambi appartengono all'intervallo $(a_{n_\varepsilon+1} - \varepsilon, \ a_{n_\varepsilon+1} + \varepsilon)$, si ha:

$$l'' - l' < 2\varepsilon. \tag{1.8}$$

Ciò è però assurdo perché la (1.8), dovendo essere verificata per ogni $\varepsilon > 0$, non può esserlo se si sceglie $\varepsilon < \frac{l''-l'}{2}$ e quindi $l'' = l'$.
  Concludiamo allora che la successione ha un solo punto limite.
c.v.d.

§ 1.7 Minimo e massimo limite di una successione

La dimostrazione fatta mette in evidenza che se l'insieme L dei punti limite di una successione non è costituito da un solo elemento, quelli tra i suoi elementi che più interessano sono rispettivamente il suo minimo l' ed il suo massimo l''.

Occupiamoci allora di essi, cominciando con il dar loro un nome!

1.7 Minimo e massimo limite di una successione

Abbiamo visto che, data una successione $\{a_n\}$, se l'insieme L è costituito da un solo elemento l, quest'ultimo è il *limite della successione* ed abbiamo scritto:
$$\lim_{n \to +\infty} a_n = l.$$

In analogia a questo fatto, se l'insieme L è costituito da più elementi, detti rispettivamente l' e l'' il suo minimo ed il suo massimo, chiamiamo questi ultimi *minimo limite* e *massimo limite* della successione e scriviamo:
$$\min \lim_{n \to +\infty} a_n = l' \quad e \quad \max \lim_{n \to +\infty} a_n = l''.$$

Le definizioni di l' e l'' non sono utili per la loro ricerca perché presuppongono la conoscenza di tutti gli elementi di L per poter decidere quale di essi sia il minimo e quale il massimo. Esse tuttavia ci suggeriscono il modo di *caratterizzare* direttamente l' e l''.

Vediamo come!

Per quanto riguarda l' possiamo dire:

> **Data una successione indeterminata $\{a_n\}$ e detto A il suo codominio, se quest'ultimo è *illimitato inferiormente* allora $l' = -\infty$.**

Se invece A è *limitato inferiormente*, l' è quel numero che gode della seguente proprietà:
comunque si fissi un intorno $(l' - \varepsilon, \ l' + \varepsilon)$ di esso, le immagini a_n degli $n \in \mathbb{N}$, rispetto a tale intorno, si distribuiscono così:

- un numero finito di $n \in \mathbb{N}$ può avere le immagini $a_n < l' - \varepsilon$.

- un numero infinito di $n \in \mathbb{N}$ ha le immagini $a_n \in (l' - \varepsilon, l' + \varepsilon)$

- un numero infinito di $n \in \mathbb{N}$ ha le immagini $a_n > l' + \varepsilon$.

Diciamo ora due parole di commento alla definizione data!

Dal fatto che ad ogni intorno di l' appartengono le immagini di infiniti $n \in \mathbb{N}$ segue che l' è punto limite per la successione.

Dal fatto poi che solamente un numero finito di $n \in \mathbb{N}$ hanno le immagini $a_n < l' - \varepsilon$ segue che la successione non ha alcun punto limite minore di l'.

Dal fatto infine che esistono infiniti $n \in \mathbb{N}$ aventi le immagini $a_n > l' + \varepsilon$ segue che la successione è dotata di altri punti limite oltre a l' e maggiori di esso.

In modo del tutto analogo si ragiona per caratterizzare l''.

Possiamo infatti dire:

> **Data una successione indeterminata $\{a_n\}$ e detto A il suo codominio, se quest'ultimo è *illimitato superiormente* allora $l'' = +\infty$.**

Se invece A è *limitato superiormente*, l'' è quel numero che gode della seguente proprietà:
comunque si fissi un intorno $(l'' - \varepsilon, \quad l'' + \varepsilon)$ di esso, le immagini a_n degli $n \in \mathbb{N}$, rispetto a tale intorno, si distribuiscono così:

- un numero finito di $n \in \mathbb{N}$ può avere le immagini $a_n > l'' + \varepsilon$

- un numero infinito di $n \in \mathbb{N}$ ha le immagini $a_n \in (l'' - \varepsilon, l'' + \varepsilon)$

- un numero infinito di $n \in \mathbb{N}$ ha le immagini $a_n < l'' - \varepsilon$.

Il commento che si può fare a tale definizione è analogo a quello fatto alla definizione di l' e pertanto viene lasciato allo Studente.

Per terminare l'argomento vogliamo invece insistere su questo:

I) la conoscenza dell'insieme L dei punti limite ci illustra completamente come sono disposte nell'insieme d'arrivo $B = \widetilde{\mathbb{R}}$ le immagini a_n dei punti $n \in \mathbb{N}$

II) *l'operazione di limite* ci permette invece di decidere se la successione ha uno o più punti limite cioè se L è costituito da uno o da più elementi e, nel caso che L sia costituito da un solo elemento, di conoscere quest'ultimo.

Passiamo ora ad occuparci delle sottosuccessioni di una successione assegnata.

1.8 Relazione tra il carattere di una successione e quello delle sue sottosuccessioni

Osserviamo innanzitutto che, data una successione $\{a_n\}$:

I) essa è dotata di infinite sottosuccessioni perché infiniti sono i sottoinsiemi $\mathbb{N}'$ di $\mathbb{N}$ con infiniti elementi

II) su ogni sottosuccessione ha senso effettuare l'operazione di limite per $n \to +\infty$ perché $+\infty$ è punto d'accumulazione di ogni sottoinsieme infinito $\mathbb{N}'$ di $\mathbb{N}$

III) ogni sottosuccessione, al pari di una successione, in base al risultato dell'operazione di limite viene detta *convergente*, *divergente* a $\pm\infty$ o *indeterminata*

IV) per le sottosuccessioni ha senso definire il concetto di punto limite e la definizione è la stessa che abbiamo dato nel caso delle successioni.

Facendo sulle sottosuccessioni le stesse considerazioni fatte sulle successioni per provare l'esistenza di almeno un punto limite, si arriva alle seguenti conclusioni:

α) Data una successione $\{a_n\}$, ognuna delle sue infinite sottosuccessioni è dotata di almeno un punto limite

β) Detto L l'insieme dei punti limite di una successione $\{a_n\}$ assegnata e L' quello dei punti limite di una data sottosuccessione di essa:

o $L' = L$

o $L' \subset L$.

Da queste conclusioni segue che:

- se una successione $\{a_n\}$ ha un *solo punto limite* l cioè è *regolare*, per β) ogni sua sottosuccessione ha anche essa l come unico punto limite quindi è anche essa *regolare* ed ha lo stesso limite l

- se una successione $\{a_n\}$ ha *più punti limite* cioè è *indeterminata*, sempre per β) esistono sottosuccessioni di essa con un solo punto limite quindi *regolari* e sottosuccessioni con più di un punto limite e quindi *indeterminate*

Illustriamo tutto questo con un esempio.

Esempio 1.9 *Sia data la successione:*

$$a_n = \begin{cases} n, & n \in \mathbb{N}_1 = \{1, 5, 9, 13, \ldots\}; \\ \frac{1}{n}, & n \in \mathbb{N}_2 = \{3, 7, 11, 15, \ldots\}; \\ 5, & n \in \mathbb{N}_p. \end{cases}$$

L'insieme L dei punti limite di tale successione è $L = \{+\infty, 0, 5\}$ e pertanto essa è indeterminata.

Le sottosuccessioni di dominio $\mathbb{N}_1$, $\mathbb{N}_2$ e $\mathbb{N}_p$ sono regolari ed hanno per limite rispettivamente: $+\infty$, 0, 5.

La sottosuccessione invece di dominio $\mathbb{N}' = \mathbb{N}_1 \cup \mathbb{N}_2 = \mathbb{N}_d$ è invece indeterminata perché l'insieme L' dei suoi punti limite è $L' = \{+\infty, 0\}$.

Torniamo ora ad occuparci delle successioni.

1.9 Successioni monotòne - Il numero e

Le successioni monotòne sono le uniche successioni delle quali è a-priori assicurata l'esistenza del limite.

Abbiamo infatti il seguente teorema noto come *Teorema delle successioni monotòne*. Enunciamolo!

Teorema 1.7 - *Teorema delle successioni monotòne*
Data una successione $\{a_n\}$ e detto A il suo codominio, se essa è monotòna crescente o non decrescente allora è regolare ed il suo limite è $\Lambda = \sup A$, cioè risulta:

$$\lim_{n\to+\infty} a_n = \Lambda = \sup A.$$

Se è invece monotòna decrescente o non crescente allora anche in questo caso essa è regolare ed il suo limite è $\lambda = \inf A$, cioè risulta:

$$\lim_{n\to+\infty} a_n = \lambda = \inf A.$$

Dimostrazione
Limitiamoci a dimostrare il teorema nel caso che sia $\{a_n\}$ *monotòna non decrescente*; negli altri casi, siccome il tipo di ragionamento è lo stesso, la dimostrazione viene lasciata per esercizio allo Studente.

Per $\Lambda = \sup A$ due situazioni sono a priori possibili:

- o $\Lambda \in \mathbb{R}$, cioè la successione è limitata superiormente

- o $\Lambda = +\infty$ cioè la successione è illimitata superiormente

Nel primo caso si ha:

$$\text{I)} \qquad \forall n \in \mathbb{N} \Rightarrow a_n \leq \Lambda \qquad (1.9)$$

$$\text{II)} \qquad \forall \varepsilon > 0 \ \exists n_\varepsilon \in \mathbb{N} : \Lambda - \varepsilon < a_{n_\varepsilon} \quad {}^4 \qquad (1.10)$$

---

[4]La (1.9) assicura che Λ è un maggiorante per A; la (1.10) precisa che Λ è il "più piccolo" dei maggioranti in quanto nessun numero $\Lambda - \varepsilon$ (che è $< \Lambda$) lo è.

Poiché la successione è monotòna non decrescente, tenendo conto delle (1.9) e (1.10) possiamo scrivere:

$$\forall \varepsilon > 0 \quad \exists n_\varepsilon \in \mathbb{N} : \forall n > n_\varepsilon \Rightarrow \Lambda - \varepsilon < a_{n_\varepsilon} \leq a_n \leq \Lambda < \Lambda + \varepsilon$$

da cui segue che:

$$\forall \varepsilon > 0 \quad \exists n_\varepsilon \in \mathbb{N} : \forall n > n_\varepsilon \Rightarrow \Lambda - \varepsilon < a_n < \Lambda + \varepsilon$$

e quindi Λ è il limite.

Nel secondo caso si ha:

$$\forall \varepsilon > 0 \quad \exists n_\varepsilon \in \mathbb{N} : a_{n_\varepsilon} > \varepsilon \tag{1.11}$$

Poiché la successione è monotòna non decrescente, tenendo conto della (1.11) possiamo scrivere:

$$\forall \varepsilon > 0 \quad \exists n_\varepsilon \in \mathbb{N} : \forall n > n_\varepsilon \Rightarrow a_n \geq a_{n_\varepsilon} > \varepsilon$$

da cui segue che:

$$\forall \varepsilon > 0 \quad \exists n_\varepsilon \in \mathbb{N} : \forall n > n_\varepsilon \Rightarrow a_n > \varepsilon$$

e quindi $\Lambda = +\infty$ è il limite.

c.v.d.

L'utilità di tale teorema sta nel fatto che data una successione $\{a_n\}$, una volta riconosciuta la sua monotonìa, delle quattro possibilità che a-priori si possono avere per il suo carattere: *convergenza, divergenza* a $+\infty$, *divergenza* a $-\infty$ ed *indeterminatezza*, due possono essere subito scartate: la seconda e la quarta oppure la terza e la quarta.

Per decidere poi quale delle due ultime eventualità che restano si verifichi, basta constatare se la successione è limitata oppure no.

Sperimentiamo quanto abbiamo detto su questa operazione di limite:

$$\lim_{n \to +\infty} \left(1 + \frac{1}{n}\right)^n. \tag{1.12}$$

§ 1.9 Successioni monotòne - Il numero e

La legge d'associazione della successione su cui si vuol operare è rappresentata dalla "formula"

$$a_n = \left(1 + \frac{1}{n}\right)^n \qquad (1.13)$$

e quest'ultima non ci consente di trarre conclusioni circa l'esistenza del limite in quanto ci conduce al caso di indecidibilità $1^{+\infty}$.

Partendo dalla (1.13), cerchiamo allora di costruire qualche altra "formula" che rappresenti la legge d'associazione della successione che sia utile per poter effettuare l'operazione (1.12).

Il secondo membro della (1.13) è la potenza n-ma di un binomio e, tenendo presente la formula di Newton [5], possiamo scrivere:

$$a_n = \sum_{k=0}^{n} \binom{n}{k} 1^{n-k} \cdot \left(\frac{1}{n}\right)^k = \sum_{k=0}^{n} \binom{n}{k} \cdot \frac{1}{n^k} \qquad (1.14)$$

Ricordando poi che $\forall n \in \mathbb{N}$ il simbolo $\binom{n}{k}$ (coefficiente binomiale) è così definito:

$$\binom{n}{k} = \begin{cases} 1, & se \quad k = 0; \\ \frac{n \cdot (n-1) \cdot (n-2) \ldots (n-k+1)}{k!}, & se \quad 0 < k \leq n \end{cases}$$

dalla (1.14) segue che:

$$\begin{aligned}
a_n &= 1 + \sum_{k=1}^{n} \frac{n(n-1)(n-2)\cdots(n-k+1)}{k!} \cdot \frac{1}{n^k} = \\
&= 1 + \sum_{k=1}^{n} \frac{1}{k!} \cdot \frac{n}{n} \cdot \frac{n-1}{n} \cdot \frac{n-2}{n} \cdots \frac{n-k+1}{n} = \\
&= 1 + \sum_{k=1}^{n} \frac{1}{k!} \cdot \left(1 - \frac{1}{n}\right) \cdot \left(1 - \frac{2}{n}\right) \cdots \left(1 - \frac{k-1}{n}\right). \qquad (1.15)
\end{aligned}$$

---

[5] La formula di Newton per il calcolo della potenza n-ma di un binomio è:

$$(a+b)^n = \sum_{k=0}^{n} \binom{n}{k} a^{n-k} \cdot b^k .$$

La (1.15) fornisce un'altra rappresentazione della legge d'associazione della successione in istudio. In essa l'immagine a_n del generico $n \in \mathbb{N}$ è espressa come somma di $n+1$ termini positivi dei quali: il primo è 1 ed il generico termine, a partire dal secondo, è:

$$\frac{1}{k!} \cdot (1 - \frac{1}{n}) \cdot (1 - \frac{2}{n}) \cdots (1 - \frac{k-1}{n}).$$

Servendoci della (1.15), l'immagine a_{n+1} di $n+1$ è espressa come somma di $n+2$ termini positivi; si ha infatti:

$$a_{n+1} = 1 + \sum_{k=1}^{n+1} \frac{1}{k!} \cdot (1 - \frac{1}{n+1}) \cdot (1 - \frac{2}{n+1}) \cdots (1 - \frac{k-1}{n+1}). \quad (1.16)$$

Poiché:

$$(1 - \frac{1}{n}) < (1 - \frac{1}{n+1})$$
$$(1 - \frac{2}{n}) < (1 - \frac{2}{n+1})$$
$$\cdots\cdots < \cdots\cdots$$
$$(1 - \frac{k-1}{n}) < (1 - \frac{k-1}{n+1}) \quad,$$

ciascuno dei termini della (1.15), a partire dal secondo, è minore del corrispondente termine della (1.16) ed inoltre in quest'ultima vi è un termine positivo in più: quello corrispondente a $k = n+1$, concludiamo che:

$$\forall n \in \mathbb{N} \Rightarrow a_n < a_{n+1}$$

e quindi la successione è *monotòna crescente*.

Per il *Teorema 1.7* essa è allora *convergente* o *divergente* a $+\infty$.

È convergente se esiste un maggiorante del suo codominio cioè un numero maggiore dell'immagine a_n del generico $n \in \mathbb{N}$.

Poiché:

$$\frac{1}{k!} \cdot (1 - \frac{1}{n+1}) \cdot (1 - \frac{2}{n+1}) \cdots (1 - \frac{k-1}{n+1}) < \frac{1}{k!}$$

§ 1.9 Successioni monotòne - Il numero e

dalla (1.15) segue che:

$$a_n = 1 + \sum_{k=1}^{n} \frac{1}{k!} \cdot (1 - \frac{1}{n}) \cdot (1 - \frac{2}{n}) \cdots (1 - \frac{k-1}{n}) <$$

$$< 1 + \sum_{k=1}^{n} \frac{1}{k!} = 1 + \frac{1}{1!} + \frac{1}{2!} + \frac{1}{3!} \cdots \frac{1}{n!} =$$

$$= 1 + 1 + \frac{1}{2 \cdot 1} + \frac{1}{3 \cdot 2 \cdot 1} + \frac{1}{4 \cdot 3 \cdot 2 \cdot 1} + \cdots +$$

$$+ \frac{1}{n \cdot (n-1) \cdot (n-2) \cdots 3 \cdot 2 \cdot 1} <$$

$$< 2 + \frac{1}{2} + \frac{1}{2^2} + \frac{1}{2^3} + \cdots + \frac{1}{2^{n-1}} =$$

$$= 2 + \frac{1}{2} + (\frac{1}{2})^2 + (\frac{1}{2})^3 + \cdots (\frac{1}{2})^{n-1} =$$

essendo gli $n - 1$ termini della somma,

a partire dal secondo, in progressione geometrica[6]

$$= 2 + \frac{1}{2} \cdot \frac{1 - (\frac{1}{2})^{n-1}}{1 - \frac{1}{2}} = 3 - (\frac{1}{2})^{n-1} < 3$$

e quindi il numero 3 è un *maggiorante* del codominio A della successione.

Possiamo allora concludere che la successione è *convergente* e che il suo *limite* a risulta ≤ 3; in simboli:

$$\lim_{n \to +\infty} a_n = \lim_{n \to +\infty} (1 + \frac{1}{n})^n = a \leq 3.$$

---

[6]Ricordiamo che n numeri $a_1, a_2, a_3, \cdots, a_n$ sono in progressione geometrica se esiste un numero $q \neq 0$ (ragione) tale che: $a_2 = q \cdot a_1$, $a_3 = q \cdot a_2$, $a_4 = q \cdot a_3, \cdots, a_n = q \cdot a_{n-1}$. Si dimostra che la somma S_n di tali numeri è data dalla "formula":

$$S_n = \begin{cases} n \cdot a_1, & \text{se è } q = 1 \\ a_1 \cdot \frac{1-q^n}{1-q}, & \text{se è } q \neq 1 \end{cases}$$

Sarà $a = 3$ se è $3 = \sup A$ cioè 3 è il "più piccolo" dei maggioranti di A; sarà invece $a < 3$ se 3 non risulta essere "il più piccolo" di tali maggioranti.

Poiché si dimostra che a è un numero *irrazionale* concludiamo che senz'altro è $a < 3$.

Il numero a viene abitualmente denotato con il simbolo "e" e viene chiamato *numero di Nepero*. La sua rappresentazione decimale con le prime quindici cifre è:

$e = 2,718281828459045\ldots$

Il numero e viene usato come base di logaritmi: il logaritmo di un numero $\alpha > 0$ in base e si indica semplicemente con $\log \alpha$ oppure con $\ln \alpha$ e si chiama *logaritmo naturale* di α.

Per terminare con le successioni di numeri reali, resta da vedere come si esegue nella pratica l'operazione di limite su di una successione assegnata.

Nei libri "Limiti e continuità" e "Derivabilità, diagrammi e formula di Taylor" abbiamo affrontato tale problema per le funzioni reali di una variabile reale; essendo le successioni di numeri reali particolari funzioni reali di una variabile reale, basterebbe rileggersi attentamente tali libri per rendersi conto di come vada adattato, al caso delle successioni di numeri reali, quanto abbiamo là detto.

Tuttavia, per rendere autonoma la lettura di questo libro, riprendiamo il discorso da capo cominciando da due definizioni e da alcuni teoremi.

1.10 Infinitesimi ed infiniti - Alcuni teoremi sui limiti

Prima di enunciare i teoremi su cui si fonda il calcolo dei limiti, al fine di snellire la nostra esposizione, diamo due definizioni:

– **Si dice che una successione $\{a_n\}$ è un *infinitesimo* (o che è *infinitesima*) se**

$$\lim_{n \to +\infty} a_n = 0.$$

§ 1.10 Infinitesimi ed infiniti - Alcuni teoremi sui limiti

– **Si dice che una successione è un *infinito* (o che è *infinita*) se**
$$\lim_{n \to +\infty} |a_n| = +\infty.$$

Dalla definizione di infinito segue che sono infiniti tutte le successioni *divergenti* a $\pm\infty$ e le successioni *indeterminate* il cui insieme L dei punti limite è costituito solo da $-\infty$ e $+\infty$.

Ciò premesso facciamo l'elenco dei teoremi cominciando da quelli che hanno un nome!

Teorema 1.8 - ***Teorema del confronto***
Date due successioni $\{a_n\}$ e $\{b_n\}$ se:

I) $\forall n \in \mathbb{N} \Rightarrow a_n \leq b_n$

II) $\{a_n\}$ *e* $\{b_n\}$ *sono regolari*

allora
$$\lim_{n \to +\infty} a_n \leq \lim_{n \to +\infty} b_n$$

Dimostrazione
Detti rispettivamente $l = \lim_{n \to +\infty} a_n$ e $l' = \lim_{n \to +\infty} b_n$ dobbiamo provare che risulta $l \leq l'$.

Fissiamo l'attenzione su l. Per esso tre casi sono possibili:

a) $l = -\infty$

b) $l \in \mathbb{R}$

c) $l = +\infty$.

Nel caso a) essendo $l = -\infty$ il minimo di $\widetilde{\mathbb{R}}$, il limite l' è necessariamente maggiore o uguale a l e quindi il teorema è dimostrato.

Nel caso b) essendo $l \in \mathbb{R}$ abbiamo che

$$\forall \varepsilon > 0 \quad \exists n_\varepsilon : \forall n > n_\varepsilon \Rightarrow l - \varepsilon < a_n < l + \varepsilon. \tag{1.17}$$

Dalla (1.17) e dall'ipotesi I) segue che:

$$\forall \varepsilon > 0 \quad \exists n_\varepsilon : \forall n > n_\varepsilon \Rightarrow l - \varepsilon < a_n \leq b_n$$

da cui

$$\forall \varepsilon > 0 \quad \exists n_\varepsilon : \forall n > n_\varepsilon \Rightarrow l - \varepsilon < b_n \ . \tag{1.18}$$

La (1.18) dice che fuori dall'intervallo $(l - \varepsilon, +\infty)$ vi sono al più le immagini b_n di n_ε elementi $n \in \mathbb{N}$ e quindi fuori da tale intervallo non può esserci l'unico punto limite l' della successione $\{b_n\}$. Si ha allora:

$$\forall \varepsilon > 0 \quad \Rightarrow \quad l' \in (l - \varepsilon, +\infty) \tag{1.19}$$

Dal fatto poi che l' debba appartenere all'intervallo $(l-\varepsilon, +\infty)$ qualunque sia $\varepsilon > 0$, segue che $l \leq l'$.

Se fosse infatti $l' < l$, scegliendo $\varepsilon = \bar{\varepsilon} < l - l'$, l' non apparterrebbe all'intervallo $(l - \bar{\varepsilon}, +\infty)$; ciò è però assurdo perché la (1.19) deve essere verificata anche per $\varepsilon = \bar{\varepsilon}$.

La seguente figura può illustrare il ragionamento fatto:

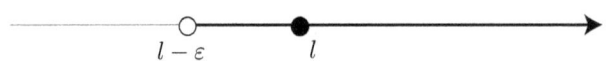

Figura 1.2

Nel caso c), essendo $l = +\infty$ abbiamo che:

$$\forall \varepsilon > 0 \quad \exists n_\varepsilon : \forall n > n_\varepsilon \Rightarrow a_n > \varepsilon \ . \tag{1.20}$$

Dalla (1.20) e dall'ipotesi I) segue che:

$$\forall \varepsilon > 0 \quad \exists n_\varepsilon : \forall n > n_\varepsilon \Rightarrow b_n \geq a_n > \varepsilon$$

da cui:

$$\forall \varepsilon > 0 \quad \exists n_\varepsilon : \forall n > n_\varepsilon \Rightarrow b_n > \varepsilon. \tag{1.21}$$

La (1.21) dice appunto che $\lim\limits_{n \to +\infty} b_n = l' = +\infty$ e quindi anche in questo caso il teorema è dimostrato.

c.v.d.

§ 1.10 Infinitesimi ed infiniti - Alcuni teoremi sui limiti

A questo punto è naturale chiedersi:
Non si potrebbe dimostrare il teorema fissando l'attenzione su l' anziché su l?
Invitiamo lo Studente a provarci, seguendo gli stessi passi fatti nella dimostrazione che abbiamo esposto.
Se ragionerà correttamente, arriverà allo stesso risultato.
Diamo intanto due corollari del *teorema del confronto*.

Corollario 1.8.1 *Date due successioni* $\{a_n\}$ *e* $\{b_n\}$ *se:*

I) $\forall n \in \mathbb{N} \Rightarrow a_n \leq b_n$

II) $\{a_n\}$ *è divergente a* $+\infty$ *cioè* $\lim_{n \to +\infty} a_n = +\infty$

allora
anche $\{b_n\}$ *è divergente a* $+\infty$ *cioè* $\lim_{n \to +\infty} b_n = +\infty$.

Dimostrazione
È la stessa fatta nel caso c) del teorema del confronto.
c.v.d.

Corollario 1.8.2 *Date due successioni* $\{a_n\}$ *e* $\{b_n\}$ *se:*

I) $\forall \in \mathbb{N} \Rightarrow a_n \leq b_n$

II) $\{b_n\}$ *è divergente a* $-\infty$ *cioè* $\lim_{n \to +\infty} b_n = -\infty$

allora
anche $\{a_n\}$ *è divergente a* $-\infty$ *cioè* $\lim_{n \to +\infty} a_n = -\infty$.

Dimostrazione
Anche qui basta ripetere un "pezzo" della dimostrazione che abbiamo consigliato allo Studente di fare.
c.v.d.

Enunciamo finalmente il famoso *teorema dei carabinieri*!

Teorema 1.9 - *Teorema dei carabinieri*

Date tre successioni $\{a_n\}$, $\{b_n\}$ *e* $\{c_n\}$ *se:*

I) $\forall n \in \mathbb{N} \Rightarrow a_n \leq c_n \leq b_n$

II) $\{a_n\}$ e $\{b_n\}$ sono regolari ed hanno lo stesso limite

allora
anche $\{c_n\}$ è regolare ed ha quello stesso limite.

Dimostrazione
Limitiamoci ad esporre la dimostrazione nel caso che $\{a_n\}$ e $\{b_n\}$ siano convergenti.
   Detto l il loro limite si ha:

$$\forall \varepsilon > 0 \quad \exists n_\varepsilon : \forall n > n_\varepsilon \Rightarrow l - \varepsilon < a_n < l + \varepsilon$$

$$\forall \varepsilon > 0 \quad \exists n'_\varepsilon : \forall n > n'_\varepsilon \Rightarrow l - \varepsilon < b_n < l + \varepsilon \qquad (1.22)$$

Dalle (1.22) e dall'ipotesi I) segue che:

$$\forall \varepsilon > 0 \quad e \quad \forall n > \max\{n_\varepsilon, n'_\varepsilon\} \Rightarrow l - \varepsilon < a_n \leq c_n \leq b_n < l + \varepsilon$$

da cui:

$$\forall \varepsilon > 0 \quad e \quad \forall n > \max\{n_\varepsilon, n'_\varepsilon\} \Rightarrow l - \varepsilon < c_n < l + \varepsilon \qquad (1.23)$$

La (1.23) dice appunto che $\lim_{n \to +\infty} c_n = l$ e quindi il teorema è dimostrato.

c.v.d.

Più tardi vedremo come tale teorema è utile nella pratica. Diamo intanto alcuni teoremi che mettono in relazione i caratteri delle successioni:

- $\{a_n\}$ e $\{|a_n|\}$
- $\{a_n\}$ e $\{c \cdot a_n\}, \forall c \in \mathbb{R}$
- $\{a_n\}, \{b_n\}$ e $\{a_n + b_n\}$
- $\{a_n\}, \{b_n\}$ e $\{a_n \cdot b_n\}$
- $\{a_n\}$ (con $a_n \neq 0$) e $\{\frac{1}{a_n}\}$

§ 1.10 Infinitesimi ed infiniti - Alcuni teoremi sui limiti

- $\{a_n\}$, $\{b_n\}$ (con $b_n \neq 0$) e $\{\frac{a_n}{b_n}\}$
- $\{a_n\}$ (con $a_n > 0$), $\{b_n\}$ e $\{a_n^{b_n}\}$

Teorema 1.10 *Data una successione* $\{a_n\}$, *se essa è regolare allora* $\{|a_n|\}$ *lo è pure e risulta:*

$$\lim_{n \to +\infty} |a_n| = |\lim_{n \to +\infty} a_n| \qquad (1.24)$$

Dimostrazione
Limitiamoci a dimostrare il teorema nel caso in cui la successione $\{a_n\}$ sia convergente.

Detto a il suo limite, la (1.24) diventa allora:

$$\lim_{n \to +\infty} |a_n| = |a| \qquad (1.24')$$

e per provarla ragioniamo così:

- Poiché per ipotesi abbiamo:

$$\forall \varepsilon > 0 \quad \exists n_\varepsilon : \forall n > n_\varepsilon \Rightarrow |a_n - a| < \varepsilon$$

e, per una proprietà dei valori assoluti, si ha che

$$||a_n| - |a|| \leq |a_n - a| \quad ,$$

essendo il secondo membro di tale disuguaglianza $< \varepsilon$, lo è anche il primo e quindi possiamo scrivere:

$$\forall \varepsilon > 0 \quad \exists n_\varepsilon : \forall n > n_\varepsilon \Rightarrow ||a_n| - |a|| < \varepsilon \ . \qquad (1.25)$$

La (1.25) dice appunto che $\lim_{n \to +\infty} |a_n| = |a|$ e quindi il teorema è dimostrato.

c.v.d.

Teorema 1.11 *Data una successione* $\{a_n\}$, *se essa è regolare lo è pure la successione* $\{c \cdot a_n\}$, $\forall c \in \mathbb{R}$ *e se è* $c \neq 0$ *quest'ultima ha lo stesso carattere.*

Dimostrazione
Se è $c = 0$ la successione $\{c \cdot a_n\} = \{0 \cdot a_n\} = \{0\}$ è convergente (in quanto costante) ed è quindi regolare.

Se è $c \neq 0$, limitiamoci a dimostrare il teorema nel caso che la successione $\{a_n\}$ sia convergente. Detto allora a il suo limite, dobbiamo provare che
$$\lim_{n \to +\infty} (c \cdot a_n) = c \cdot a \qquad (1.26)$$
Per ipotesi abbiamo che:
$$\forall \varepsilon > 0 \quad \exists n_\varepsilon : \forall n > n_\varepsilon \Rightarrow |a_n - a| < \varepsilon$$
Poiché:
$$|c \cdot a_n - c \cdot a| = |c(a_n - a)| = |c| \cdot |a_n - a| < |c| \cdot \varepsilon,$$
essendo l'ultimo membro un numero positivo arbitrario in quanto è arbitrario ε, la (1.26) è dimostrata.
c.v.d.

Teorema 1.12 *Date due successioni $\{a_n\}$ e $\{b_n\}$, se esse sono convergenti allora la successione $\{a_n + b_n\}$ lo è pure e risulta:*
$$\lim_{n \to +\infty} (a_n + b_n) = \lim_{n \to +\infty} a_n + \lim_{n \to +\infty} b_n. \qquad (1.27)$$

Dimostrazione
Detti rispettivamente a e b i limiti delle successioni $\{a_n\}$ e $\{b_n\}$, per ipotesi si ha:
$$\forall \varepsilon > 0 \quad \exists n'_\varepsilon : \forall n > n'_\varepsilon \Rightarrow |a_n - a| < \varepsilon$$
$$\forall \varepsilon > 0 \quad \exists n''_\varepsilon : \forall n > n''_\varepsilon \Rightarrow |b_n - b| < \varepsilon \qquad (1.28)$$
e per $n > n_\varepsilon = \max\{n'_\varepsilon, n''_\varepsilon\}$ esse valgono contemporaneamente.

Poiché:
$$|(a_n + b_n) - (a + b)| = |(a_n - a) + (b_n - b)| \leq |a_n - a| + |b_n - b|$$
dalle (1.28) segue che:
$$\forall \varepsilon > 0 \quad e \quad \forall n > n_\varepsilon = \max\{n'_\varepsilon, n''_\varepsilon\} \Rightarrow |(a_n + b_n) - (a + b)| < 2\varepsilon \quad (1.29)$$

§ 1.10 Infinitesimi ed infiniti - Alcuni teoremi sui limiti

La (1. 29) dice appunto che $\lim_{n \to +\infty} (a_n + b_n) = a + b$ e quindi il teorema è dimostrato.

c.v.d.

Tale teorema si suol enunciare dicendo che "il limite di una somma è uguale alla somma dei limiti se questi ultimi sono finiti".

Ci chiediamo ora: in tutti gli altri casi, è possibile ricavare qualche informazione sul carattere di $\{a_n + b_n\}$ dalla conoscenza dei caratteri di $\{a_n\}$ e $\{b_n\}$?

I seguenti teoremi, che ora enunciamo e le cui semplici dimostrazioni vengono lasciate come esercizio allo Studente, ci danno la risposta.

Teorema 1.12.1 *Se* $\{a_n\}$ *è* limitata inferiormente *(in particolare è convergente o divergente a $+\infty$) e* $\{b_n\}$ *è* divergente *a* $+\infty$ *allora* $\{a_n + b_n\}$ *è* divergente *a* $+\infty$.

Teorema 1.12.2 *Se* $\{a_n\}$ *è* limitata superiormente *(in particolare è convergente o divergente a $-\infty$) e* $\{b_n\}$ *è* divergente *a* $-\infty$ *allora* $\{a_n + b_n\}$ *è* divergente *a* $-\infty$.

Teorema 1.12.3 *Se* $\{a_n\}$ *e* $\{b_n\}$ *sono entrambe* divergenti *a* $-\infty$ *allora* $\{a_n + b_n\}$ *è divergente a* $-\infty$.

Teorema 1.12.4 *Se* $\{a_n\}$ *e* $\{b_n\}$ *sono entrambe* divergenti *a* $+\infty$ *allora* $\{a_n + b_n\}$ *è divergente a* $+\infty$.

Un caso in cui dalla conoscenza dei caratteri di $\{a_n\}$ e $\{b_n\}$ non si può dedurre il carattere di $\{a_n + b_n\}$ è quando $\{a_n\}$ e $\{b_n\}$ sono entrambe *divergenti* però una a $+\infty$ e l'altra a $-\infty$.

Siamo qui in presenza del *caso di indecidibilità* $+\infty - \infty$.

Teorema 1.13 *Date due successioni* $\{a_n\}$ *e* $\{b_n\}$, *se esse sono convergenti allora la successione* $\{a_n \cdot b_n\}$ *lo è pure e risulta:*

$$\lim_{n \to +\infty} (a_n \cdot b_n) = \lim_{n \to +\infty} a_n \cdot \lim_{n \to +\infty} b_n. \qquad (1.30)$$

Dimostrazione

Detti rispettivamente a e b i limiti delle successioni $\{a_n\}$ e $\{b_n\}$, per ipotesi si ha:

$$\forall \varepsilon > 0 \quad \exists n'_\varepsilon : \forall n > n'_\varepsilon \Rightarrow |a_n - a| < \varepsilon$$

$$\forall \varepsilon > 0 \quad \exists n''_\varepsilon : \forall n > n''_\varepsilon \Rightarrow |b_n - b| < \varepsilon \tag{1.31}$$

e per $n > n_\varepsilon = \max\{n'_\varepsilon, n''_\varepsilon\}$ esse valgono contemporaneamente.

Poiché:

$$\begin{aligned} |a_n \cdot b_n - a \cdot b| &= |(a_n - a) \cdot (b_n - b) + a(b_n - b) + b(a_n - a)| \leq \\ &\leq |(a_n - a) \cdot (b_n - b)| + |a(b_n - b)| + |b(a_n - a)| = \\ &= |a_n - a| \cdot |b_n - b| + |a| \cdot |b_n - b| + |b| \cdot |a_n - a| \end{aligned}$$

dalle (1.31) segue che:

$$\begin{aligned} \forall \varepsilon > 0 \quad \exists n_\varepsilon &= \max\{n'_\varepsilon, n''_\varepsilon\} : \forall n > n_\varepsilon \Rightarrow |a_n \cdot b_n - a \cdot b| < \\ &< \varepsilon \cdot \varepsilon + |a| \cdot \varepsilon + |b| \cdot \varepsilon = \varepsilon(\varepsilon + |a| + |b|) \end{aligned} \tag{1.32}$$

Essendo ε arbitrario, $\varepsilon(\varepsilon + |a| + |b|)$ lo è pure e quindi la (1.32) dice appunto che $\lim_{n \to +\infty} (a_n \cdot b_n) = a \cdot b$ e quindi il teorema è dimostrato.

c.v.d.

Tale teorema si suole enunciare dicendo che "il limite di un prodotto è uguale al prodotto dei limiti se questi ultimi sono finiti". Anche qui, come dopo la dimostrazione del *Teorema 1.12*, ci chiediamo:

– in tutti gli altri casi è possibile ricavare qualche informazione sul carattere di $\{a_n \cdot b_n\}$ dalla conoscenza dei caratteri di $\{a_n\}$ e $\{b_n\}$?

Anche qui, enunciamo alcuni teoremi, le cui dimostrazioni vengono lasciate come esercizio allo Studente, che ci danno la risposta.

Teorema 1.13.1 *Se $\{a_n\}$ ha l' inf. positivo e $\{b_n\}$ è divergente a $\pm\infty$ allora $\{a_n \cdot b_n\}$ è divergente a $\pm\infty$.*

Teorema 1.13.2 *Se $\{a_n\}$ ha l' inf. negativo e $\{b_n\}$ è divergente a $\pm\infty$ allora $\{a_n \cdot b_n\}$ è divergente a $\mp\infty$.*

§ 1.10 Infinitesimi ed infiniti - Alcuni teoremi sui limiti

Teorema 1.13.3 *Se* $\{a_n\}$ *è limitata e* $\{b_n\}$ *è un* infinitesimo *allora* $\{a_n \cdot b_n\}$ *è un* infinitesimo.

Un caso in cui dalla conoscenza dei caratteri di $\{a_n\}$ e $\{b_n\}$ non si può dedurre il carattere di $\{a_n \cdot b_n\}$ è quando $\{a_n\}$ e $\{b_n\}$ sono l'una un *infinitesimo* e l'altra è *divergente* a $\pm\infty$.

Siamo infatti in presenza del *caso di indecidibilità* $0 \cdot (\pm\infty)$.

Teorema 1.14 *Data una successione* $\{a_n\}$ *con* $a_n \neq 0$, *se essa è convergente ed il suo limite è* $a \neq 0$, *allora la successione* $\{\frac{1}{a_n}\}$ *è pure convergente e risulta*

$$\lim_{n \to +\infty} \frac{1}{a_n} = \frac{1}{a}$$

Dimostrazione
Occorre dimostrare che la successione $\{\frac{1}{a_n}\}$ è *limitata* ed ha $\frac{1}{a}$ come suo unico *punto limite*.

Dimostriamo che $\{\frac{1}{a_n}\}$ è *limitata*.

- Per le ipotesi fatte, si ha

$$\forall \varepsilon > 0 \quad \exists n_\varepsilon : \forall n > n_\varepsilon \Rightarrow |a_n - a| < \varepsilon \qquad (1.33)$$

e quindi scegliendo $\varepsilon = \bar{\varepsilon} = \frac{1}{2}|a|$ esiste un $n_{\bar{\varepsilon}}$ tale che:

$$\forall n > n_{\bar{\varepsilon}} \Rightarrow |a_n - a| < \frac{1}{2}|a| \ . \qquad (1.34)$$

Poiché per una proprietà dei valori assoluti risulta:

$$|a_n - a| = |a - a_n| \geq |a| - |a_n|$$

dalla (1. 34) segue che:

$$\forall n > n_{\bar{\varepsilon}} \Rightarrow |a| - |a_n| < \frac{1}{2}|a|$$

e quindi ricavando $\frac{1}{|a_n|}$ dall'ultima disuguaglianza scritta si ha:

$$\forall n > n_{\bar{\varepsilon}} \Rightarrow \frac{1}{|a_n|} < \frac{2}{|a|} \ ; \qquad (1.35)$$

la successione $\{\frac{1}{a_n}\}$ è pertanto *limitata*.

Dimostriamo infine che $\{\frac{1}{a_n}\}$ ha $\frac{1}{a}$ come suo *unico punto limite*.

- Tenendo conto della (1.35), possiamo scrivere:

$$\forall n > n_{\bar{\varepsilon}} \Rightarrow |\frac{1}{a_n} - \frac{1}{a}| = |\frac{a - a_n}{a_n \cdot a}| = \frac{|a - a_n|}{|a_n \cdot a|} = \frac{|a - a_n|}{|a_n| \cdot |a|} =$$

$$= \frac{1}{|a_n|} \cdot \frac{|a - a_n|}{|a|} < \frac{2}{|a|^2} \cdot |a_n - a|,$$

e, tenendo poi conto della (1.33), possiamo concludere che:

$$\forall \varepsilon > 0, \quad \forall n > n_\varepsilon^* = \max\{n_\varepsilon, n_{\bar{\varepsilon}}\} \Rightarrow |\frac{1}{a_n} - \frac{1}{a}| < \frac{2}{|a|^2} \cdot \varepsilon . \quad (1.36)$$

Essendo ε arbitrario, $\frac{2}{|a|^2} \cdot \varepsilon$ lo è pure e quindi la (1.36) dice appunto che $\lim_{n \to +\infty} \frac{1}{a_n} = \frac{1}{a}$.

c.v.d.

Invitiamo lo Studente a dimostrare che:

- Se $\{a_n\}$ con $a_n \neq 0$ è un *infinitesimo* allora $\{\frac{1}{a_n}\}$ è un *infinito*; in particolare è divergente a $\pm\infty$.

- Se $\{a_n\}$ con $a_n \neq 0$ è un *infinito* allora $\{\frac{1}{a_n}\}$ è un *infinitesimo*.

Teorema 1.15 *Date due successioni $\{a_n\}$ e $\{b_n\}$ con $b_n \neq 0$, se entrambe sono* convergenti *rispettivamente ad a e b e risulta $b \neq 0$ allora $\{\frac{a_n}{b_n}\}$ è convergente ed il suo limite è $\frac{a}{b}$.*

Dimostrazione
Poiché $\{\frac{a_n}{b_n}\} = \{a_n \cdot \frac{1}{b_n}\}$, dai *Teoremi 1.13* e *1.14* segue la tesi. **c.v.d.**

Tale teorema si suol enunciare dicendo che "il limite del quoziente è il quoziente dei limiti se quest'ultimi sono finiti ed il limite della successione che compare al denominatore è $\neq 0$". Ci chiediamo anche qui:

- in tutti gli altri casi, è possibile ricavare qualche informazione sul carattere di $\{\frac{a_n}{b_n}\}$ dalla conoscenza dei caratteri di $\{a_n\}$ e $\{b_n\}$?

§ 1.10 Infinitesimi ed infiniti - Alcuni teoremi sui limiti

Anche qui enunciamo alcuni teoremi, le cui dimostrazioni vengono lasciate come esercizio allo Studente, che ci danno la risposta:

Teorema 1.15.1 *Se* $\{a_n\}$ *è limitata* ed in particolare *convergente e* $\{b_n\}$ *è un* infinito *allora* $\{\frac{a_n}{b_n}\}$ *è un* infinitesimo.

Teorema 1.15.2 *Se* $\{a_n\}$ *è limitata* ed in particolare *convergente e* $\{b_n\}$ *è un* infinitesimo *allora* $\{\frac{a_n}{b_n}\}$ *è un* infinito.

Teorema 1.15.3 *Se* $\{a_n\}$ *è un* infinitesimo *e* $\{b_n\}$ *è un* infinito *allora* $\{\frac{a_n}{b_n}\}$ *è un* infinitesimo.

Teorema 1.15.4 *Se* $\{a_n\}$ *è un* infinito *e* $\{b_n\}$ *è un* infinitesimo *allora* $\{\frac{a_n}{b_n}\}$ *è un* infinito.

Due casi in cui dalla conoscenza dei caratteri di $\{a_n\}$ e $\{b_n\}$ non si può dedurre il carattere di $\{\frac{a_n}{b_n}\}$ è quando $\{a_n\}$ e $\{b_n\}$ sono entrambe *infinitesime* o entrambe *infinite*. Siamo infatti in presenza dei due casi di indecidibilità: $\dfrac{0}{0}$ e $\dfrac{\pm\infty}{\pm\infty}$.

Teorema 1.16 *Date due successioni* $\{a_n\}$ *e* $\{b_n\}$ *con* $a_n > 0$, *se entrambe sono* convergenti *rispettivamente ad* a *e* b *con* $a \neq 0$ *allora* $\{a_n^{b_n}\}$ *è* convergente *ed il suo limite è* a^b.

Per ragioni di spazio non diamo qui la dimostrazione di tale teorema che lo Studente interessato può trovare in molti testi di Analisi Matematica. Ciò che invece vogliamo fare è enunciare, sempre senza dimostrare per ragioni di spazio, alcuni teoremi che ci informano del carattere di $\{a_n^{b_n}\}$ quando $\{a_n\}$ e $\{b_n\}$ non verificano le ipotesi del *teorema 1.16*. Tali teoremi sono:

Teorema 1.16.1 *Se* $\{a_n\}$ *è convergente ad* $a < 1$ *e* $\{b_n\}$ *è divergente a* $+\infty$ *allora* $\{a_n^{b_n}\}$ *infinitesima*.

Teorema 1.16.2 *Se* $\{a_n\}$ *è convergente ad* $a < 1$ *e* $\{b_n\}$ *è divergente a* $-\infty$ *allora* $\{a_n^{b_n}\}$ *è divergente a* $+\infty$.

Teorema 1.16.3 *Se* $\{a_n\}$ *è convergente ad* $a > 1$ *e* $\{b_n\}$ *è divergente a* $+\infty$ *allora* $\{a_n{}^{b_n}\}$ *è divergente a* $+\infty$.

Teorema 1.16.4 *Se* $\{a_n\}$ *è convergente ad* $a > 1$ *e* $\{b_n\}$ *è divergente a* $-\infty$ *allora* $\{a_n{}^{b_n}\}$ *è infinitesima*.

Teorema 1.16.5 *Se* $\{a_n\}$ *è divergente a* $+\infty$ *e* $\{b_n\}$ *è convergente a* $b > 0$ *allora* $\{a_n{}^{b_n}\}$ *è divergente a* $+\infty$.

Teorema 1.16.6 *Se* $\{a_n\}$ *è divergente a* $+\infty$ *e* $\{b_n\}$ *è convergente a* $b < 0$ *allora* $\{a_n{}^{b_n}\}$ *è infinitesima*.

Teorema 1.16.7 *Se* $\{a_n\}$ *è divergente a* $+\infty$ *e* $\{b_n\}$ *è divergente a* $+\infty$ *allora* $\{a_n{}^{b_n}\}$ *è divergente a* $+\infty$.

Teorema 1.16.8 *Se* $\{a_n\}$ *è divergente a* $+\infty$ *e* $\{b_n\}$ *è divergente a* $-\infty$ *allora* $\{a_n{}^{b_n}\}$ *è infinitesima*.

Tre casi in cui dalla conoscenza dei caratteri di $\{a_n\}$ e $\{b_n\}$ non si può dedurre il carattere di $\{a_n{}^{b_n}\}$ è quando:

- $\{a_n\}$ è *divergente* a $+\infty$ e $\{b_n\}$ è *infinitesima*.

- $\{a_n\}$ è *convergente* a 1 e $\{b_n\}$ è *divergente* a $\pm\infty$.

- $\{a_n\}$ è *infinitesima* e $\{b_n\}$ è *infinitesima*.

Siamo infatti in presenza dei tre *casi di indecidibilità*: $+\infty^0$, $1^{\pm\infty}$, 0^0. Un altro teorema di uso frequente è questo:

Teorema 1.17 *Data una funzione* $f : y = f(x), \quad x \in D \subseteq \mathbb{R} \subset \tilde{\mathbb{R}}$ *ed una successione* $\{a_n\}$ *se:*

I) *Il codominio A di $\{a_n\}$ è contenuto in D*

II) *La successione $\{a_n\}$ è regolare ed il suo limite l è punto d'accumulazione per D*

§ 1.10 Infinitesimi ed infiniti - Alcuni teoremi sui limiti

III) esiste $\lim\limits_{x \to l} f(x)$

allora

esiste anche $\lim\limits_{n \to +\infty} f(a_n)$ *e risulta* $\lim\limits_{n \to +\infty} f(a_n) = \lim\limits_{x \to l} f(x)$.

Dimostrazione
(Viene lasciata come esercizio allo Studente essendo molto semplice.)

Tale teorema ci consente di concludere che:

– se $\{a_n\}$ è regolare, anche e^{a_n} lo è e risulta

$$\lim_{n \to +\infty} e^{a_n} = \begin{cases} e^a, & \text{se } \lim\limits_{n \to +\infty} a_n = a \in \mathbb{R}; \\ +\infty, & \text{se } \lim\limits_{n \to +\infty} a_n = +\infty; \\ 0, & \text{se } \lim\limits_{n \to +\infty} a_n = -\infty. \end{cases}$$

– se $\{a_n\}$ (con $a_n > 0$) è regolare, anche $\{\log a_n\}$ lo è e risulta:

$$\lim_{n \to +\infty} \log a_n = \begin{cases} \log a, & \text{se } \lim\limits_{n \to +\infty} a_n = a \in (0, +\infty); \\ +\infty, & \text{se } \lim\limits_{n \to +\infty} a_n = +\infty; \\ -\infty, & \text{se } \lim\limits_{n \to +\infty} a_n = 0. \end{cases}$$

– se $\{a_n\}$ (con $a_n > 0$) è regolare, anche $\{a_n^\alpha\}$ (con $\alpha \in \mathbb{R}$) lo è e risulta:

$$\lim_{n \to +\infty} a_n^\alpha = \begin{cases} 0, & \text{se } \lim\limits_{n \to +\infty} a_n = 0 \text{ e } \alpha > 0; \\ +\infty, & \text{se } \lim\limits_{n \to +\infty} a_n = 0 \text{ e } \alpha < 0; \\ +\infty, & \text{se } \lim\limits_{n \to +\infty} a_n = +\infty \text{ e } \alpha > 0; \\ 0, & \text{se } \lim\limits_{n \to +\infty} a_n = +\infty \text{ e } \alpha < 0; \\ a^\alpha, & \text{se } \lim\limits_{n \to +\infty} a_n = a > 0 \text{ e } \alpha \in \mathbb{R}. \end{cases}$$

Per terminare con il nostro elenco di teoremi enunciamo infine, senza dimostrare, due teoremi noti come *Teoremi di Cesàro* ed altri quattro *teoremi* che sono conseguenze di essi.

Data la lunghezza dell'argomento, apriamo un nuovo paragrafo.

1.11 Teoremi di Cesàro e loro conseguenze

Teorema 1.18 *Date due* successioni $\{a_n\}$ *e* $\{b_n\}$, *se:*

1. *Entrambe sono* infinitesime, *cioè*
$$\lim_{n\to+\infty} a_n = \lim_{n\to+\infty} b_n = 0$$

2. *la successione* $\{b_n\}$ *è monotona crescente o decrescente*

3. *Esiste in* $\widetilde{\mathbb{R}}$ $\quad \lim_{n\to+\infty} \frac{a_{n+1}-a_n}{b_{n+1}-b_n}$

allora
$\quad$ *esiste* $\quad \lim_{n\to+\infty} \frac{a_n}{b_n} \quad$ *e risulta* $\quad \lim_{n\to+\infty} \frac{a_n}{b_n} = \lim_{n\to+\infty} \frac{a_{n+1}-a_n}{b_{n+1}-b_n}$.

Teorema 1.19 *Date due* successioni $\{a_n\}$ *e* $\{b_n\}$, *se:*

1. $\{b_n\}$ *è monotòna crescente e* $\lim_{n\to+\infty} b_n = +\infty$

    oppure

    $\{b_n\}$ *è monotòna decrescente e* $\lim_{n\to+\infty} b_n = -\infty$

2. *Esiste in* $\widetilde{\mathbb{R}}$ $\quad \lim_{n\to+\infty} \frac{a_{n+1}-a_n}{b_{n+1}-b_n}$

allora
$\quad$ *esiste* $\quad \lim_{n\to+\infty} \frac{a_n}{b_n} \quad$ *e risulta* $\quad \lim_{n\to+\infty} \frac{a_n}{b_n} = \lim_{n\to+\infty} \frac{a_{n+1}-a_n}{b_{n+1}-b_n}$.

Prima di enunciare i *teoremi* che sono conseguenza di quelli di *Cesàro*, osserviamo che le ipotesi dei teoremi di *Cesàro* sono condizioni *sufficienti ma non necessarie* per l'esistenza del limite

$$\lim_{n\to+\infty} \frac{a_n}{b_n}.$$

Può accadere infatti che esista $\lim_{n\to+\infty} \frac{a_n}{b_n}$ pur non esistendo $\lim_{n\to+\infty} \frac{a_{n+1}-a_n}{b_{n+1}-b_n}$. A mostrarcelo è il seguente esempio!

§ 1.11 Teoremi di Cesàro e loro conseguenze 43

Esempio 1.10 *Date le successioni* $\{a_n\} = \{(-1)^n\}$, $\{b_n\} = \{n\}$ *e costruite le* successioni

$$\left\{\frac{a_n}{b_n}\right\} = \left\{\frac{(-1)^n}{n}\right\} \quad e \quad \left\{\frac{a_{n+1} - a_n}{b_{n+1} - b_n}\right\} = \left\{\frac{(-1)^{n+1} - (-1)^n}{(n+1) - n}\right\}$$

si ha infatti

$$\lim_{n \to +\infty} \frac{a_n}{b_n} = \lim_{n \to +\infty} \frac{(-1)^n}{n} = \lim_{n \to +\infty} \left((-1)^n \cdot \frac{1}{n}\right) = \text{per il teorema } 1.13.3 = 0$$

mentre

$$\lim_{n \to +\infty} \frac{a_{n+1} - a_n}{b_{n+1} - b_n} = \lim_{n \to +\infty} \frac{(-1)^{n+1} - (-1)^n}{(n+1) - n} = \lim_{n \to +\infty} \frac{(-1)^n[(-1)^1 - 1]}{1} =$$
$$= \lim_{n \to +\infty} [(-1)^n - 2] \text{ non esiste.}$$

Elenchiamo ora rapidamente, sempre senza dimostrare, i quattro *teoremi* che sono conseguenza di quelli di *Cesàro*.

Teorema 1.20 *Data una successione* $\{a_n\}$, *se esiste* $\lim_{n \to +\infty} a_n$ *allora esiste anche*

$$\lim_{n \to +\infty} \frac{a_1 + a_2 + \cdots + a_n}{n}$$

e risulta

$$\lim_{n \to +\infty} \frac{a_1 + a_2 + \cdots + a_n}{n} = \lim_{n \to +\infty} a_n.$$

Teorema 1.21 *Data una successione* $\{a_n\}$, *con* $a_n > 0$, *se esiste* $\lim_{n \to +\infty} a_n$ *allora esiste anche*

$$\lim_{n \to +\infty} \sqrt[n]{a_1 \cdot a_2 \cdots a_n}$$

e risulta

$$\lim_{n \to +\infty} \sqrt[n]{a_1 \cdot a_2 \cdots a_n} = \lim_{n \to +\infty} a_n.$$

Teorema 1.22 *Data una successione* $\{a_n\}$, *se esiste* $\lim_{n\to+\infty}(a_{n+1}-a_n)$
allora esiste anche
$$\lim_{n\to+\infty}\frac{a_n}{n}$$
e risulta
$$\lim_{n\to+\infty}\frac{a_n}{n}=\lim_{n\to+\infty}(a_{n+1}-a_n).$$

Teorema 1.23 *Data una successione* $\{a_n\}$ *con* $a_n>0$, *se esiste* $\lim_{n\to+\infty}\frac{a_{n+1}}{a_n}$
allora esiste anche
$$\lim_{n\to+\infty}\sqrt[n]{a_n}$$
e risulta
$$\lim_{n\to+\infty}\sqrt[n]{a_n}=\lim_{n\to+\infty}\frac{a_{n+1}}{a_n}.$$

Osserviamo che le ipotesi di tali teoremi, al pari di quelle dei teoremi di Cesàro, sono *condizioni sufficienti ma non necessarie* per l'esistenza rispettivamente dei limiti:
$$\lim_{n\to+\infty}\frac{a_1+a_2+\cdots+a_n}{n}$$
$$\lim_{n\to+\infty}\sqrt[n]{a_1\cdot a_2\cdots a_n}$$
$$\lim_{n\to+\infty}\frac{a_n}{n}$$
$$\lim_{n\to+\infty}\sqrt[n]{a_n}\quad;$$

convinciamoci di ciò con il seguente esempio riferito al *teorema 1.20*.

Esempio 1.11 *Data la successione* $a_n=(-1)^n, n\in\mathbb{N}$ *sappiamo che essa non ha limite perché ha due punti limite:* -1 *e* 1 *mentre la successione*
$$b_n=\frac{a_1+a_2+\cdots+a_n}{n}=\begin{cases}0, & n\in\mathbb{N}_p;\\ \frac{-1}{n}, & n\in\mathbb{N}_d.\end{cases}$$
lo ha e vale 0.

Si ha infatti:
$$\lim_{(n\in\mathbb{N}_p)\to+\infty}b_n=\lim_{(n\in\mathbb{N}_p)\to+\infty}0=0$$

$$\lim_{(n\in\mathbb{N}_d)\to+\infty} b_n = \lim_{(n\in\mathbb{N}_d)\to+\infty} \frac{-1}{n} = 0$$

quindi:

$$\lim_{n\to+\infty} b_n = 0.$$

Andiamo finalmente a vedere come si esegue nella pratica l'operazione di limite!

1.12 Come si esegue nella pratica l'operazione di limite

Nel paragrafo 1.4 abbiamo detto che la legge d'associazione di una successione si può assegnare in due modi:

- o mediante una "formula"

- o per induzione.

Cominciamo con l'affrontare il problema di come effettuare l'operazione di limite su di una successione la cui legge d'associazione è assegnata mediante una "formula".

Vediamo come i teoremi enunciati nei paragrafi 1.10 e 1.11 ci danno una mano!

Si consiglia di procedere così:

1. *analizzare* le operazioni indicate nella "formula" che rappresenta la legge d'associazione della successione e *decidere* se si tratta di una *successione somma, prodotto, quoziente,* ...; in altre parole individuare a partire da quali successioni è stata costruita la successione in istudio.

   Chiameremo queste ultime *successioni – mattone.*

   Ciascuna successione – mattone a sua volta può essere:

   - o costruita a partire da altre successioni
   - o no

In quest'ultimo caso diremo che è una *successione elementare*[7]

2. *effettuare l'operazione di limite* su ciascuna successione – mattone

3. *utilizzare* qualcuno dei teoremi enunciati nei paragrafi 1.10 e 1.11 per dedurre, dai limiti delle successioni – mattone, il limite della successione su cui si sta operando.

Prima di sperimentare tale procedimento su degli esempi, facciamo qualche commento.

Tutto il gioco consiste nel dedurre, per mezzo di qualcuno dei teoremi dei suddetti paragrafi, dai limiti delle *successioni elementari* i limiti delle *successioni – mattone* e da questi ultimi, sempre per mezzo di qualcuno di tali teoremi, il limite della successione in esame.

Il procedimento quindi può "bloccarsi" in due situazioni:

1. quando non si riesce ad effettuare l'operazione di limite su qualche successione – mattone perchè non sono verificate le ipotesi del teorema che si dovrebbe applicare.

2. quando, pur conoscendo i limiti di tutte le successioni – mattone, da essi non si può dedurre il limite della successione in esame sempre perchè non sono verificate le ipotesi del teorema che si dovrebbe applicare.

In entrambe le situazioni siamo in presenza di uno dei sette casi di indecidibilità.

$$\frac{0}{0}, \quad 0 \cdot (\pm\infty), \quad +\infty - \infty, \quad \frac{\pm\infty}{\pm\infty}, \quad 0^0, \quad +\infty^0, \quad 1^{\pm\infty}$$

Che fare allora?

Si cerca di rappresentare la legge d'associazione della successione in istudio per mezzo di un'altra formula[8] e si riapplica il "procedimen-

---

[7]Sono esempi di successioni elementari $\left\{\frac{1}{n}\right\}$, $\{n^\alpha\}$ con $\alpha \in \mathbb{R}$, $\{n!\}$, $\{\sin n\}$, ecc.

[8]Osserviamo che per la costruzione di quest'ultima si parte dalla "formula" mediante la quale è assegnata inizialmente la legge d'associazione; per trovarla non ci sono però "ricette" da suggerire.

§ 1.12 *Come si esegue nella pratica l'operazione di limite* 47

to" descritto nella speranza di non incontrare di nuovo un "caso di indecidibilità".[9]

Poiché tutto il procedimento poggia sulla conoscenza dei limiti delle *successioni elementari*, vediamo come si esegue l'operazione d limite su queste ultime!

Tale operazione si effettua in due tappe:

1^a *tappa* Si cerca, con ragionamenti qualitativi, quale elemento $l \in \widetilde{\mathbb{R}}$ "si sospetta" essere il limite.

2^a *tappa* Si verifica se l'elemento l trovato soddisfa la definizione di limite cioè una delle tre "catene" di disuguaglianze (1.3), (1.4) e (1.5).

Se una di tali "catene" di disuguaglianze è verificata allora l'elemento l trovato nella 1^a *tappa* è il limite, altrimenti:

o il limite non esiste

o i ragionamenti fatti nella 1^a *tappa*, che ci hanno condotti a "sospettare" dell'elemento l trovato, non sono corretti.

Come lo Studente si renderà conto facendo esercizi, le *successioni elementari* hanno in generale una legge d'associazione rappresentata da una "formula" molto semplice per cui, esaminandole, risulta evidente quale elemento $l \in \widetilde{\mathbb{R}}$ sia il "candidato" ad essere il limite e pertanto si rende addirittura superflua la verifica prevista nella 2^a *tappa*.

Spieghiamoci con un esempio!

Una successione elementare di uso corrente è:

$$a_n = \frac{1}{n}, \qquad n \in \mathbb{N}$$

e poiché all' "aumentare" di n, $\frac{1}{n}$ "diminuisce" e se n è "vicino" a $+\infty$, $\frac{1}{n}$ è "vicino" a zero, viene naturale pensare che $l = 0$ sia "candidato" ad essere il limite.

---

[9]Se rappresentiamo la legge d'associazione per mezzo di un'altra "formula", la successione resta costruita a partire da altre *successioni – mattone*; da qui la speranza che qualcuno dei teoremi enunciati ci risolva il problema.

Verifichiamolo!

Siccome il "candidato" ad essere limite è un numero, occorre far vedere che la (1.3) è verificata ponendo in essa: $a_n = \frac{1}{n}$ e $l = 0$.

Facendo tale sostituzione, la (1.3) diviene:

$$\forall \varepsilon > 0 \ \exists n_\varepsilon \ : \ \forall n > n_\varepsilon \Rightarrow 0 - \varepsilon < \frac{1}{n} < 0 + \varepsilon$$

ed è immediato trovare che il numero n_ε di cui si cerca l'esistenza è $n_\varepsilon = \left[\frac{1}{\varepsilon}\right]$.

Illustriamo il metodo consigliato su due esempi.

Esempio 1.12 *Supponiamo che si debba effettuare l'operazione di limite*

$$\lim_{n \to +\infty} (n^2 + n)$$

Applichiamo il procedimento!

La successione su cui si deve operare è $\{n^2 + n\}$.

Si tratta di una successione somma *delle due successioni – mattone:*

$$\{n^2\} \ e \ \{n\}$$

Entrambe sono successioni elementari *ed hanno per limite* $l = +\infty$.
Il Teorema 1.12.4 allora ci permette di concludere che $\lim_{n \to +\infty}(n^2 + n) = +\infty$.

Esempio 1.13 *Supponiamo che si debba effettuare l'operazione di limite sulla successione*

$$a_n = \log(n^2 + n + 1) - \log n, \qquad n \in \mathbb{N}.$$

Applichiamo il procedimento!

$\{a_n\}$ *è somma delle "successioni - mattone":*

$$\{\log(n^2 + n + 1)\} \quad e \quad \{-\log n\}$$

divergenti rispettivamente a $+\infty$ *e* $-\infty$.

§ 1.12 Come si esegue nella pratica l'operazione di limite

Poiché siamo in presenza del "caso di indecidibilità" $+\infty - \infty$, cerchiamo, come abbiamo detto, di rappresentare la legge d'associazione con qualche altra "formula".

Tenendo presenti le proprietà dei logaritmi, possiamo scrivere:

$$a_n = \log \frac{n^2 + n + 1}{n}, \quad n \in \mathbb{N} \qquad (1.37)$$

Questa nuova rappresentazione risolve il nostro problema se sono verificate le ipotesi del Teorema 1.17 *cioè se esiste* $\lim\limits_{n \to +\infty} \frac{n^2+n+1}{n}$ *ed è punto d'accumulazione del dominio della funzione logaritmo.*

Poiché la successione $\{\frac{n^2+n+1}{n}\}$ *è una successione quoziente le cui "successioni - mattone" sono rispettivamente* $\{n^2+n+1\}$ *e* $\{n\}$ *entrambe divergenti a* $+\infty$, *siamo di fronte al "caso di indecidibilità"* $\frac{\pm\infty}{+\infty}$ *e quindi neanche la rappresentazione (1.37) è quella buona.*

Tenendo però presente l'uguaglianza:

$$\frac{n^2+n+1}{n} = n + 1 + \frac{1}{n}$$

concludiamo che

$$\lim_{n \to +\infty} \frac{n^2+n+1}{n} = \lim_{n \to +\infty} \left(n + 1 + \frac{1}{n}\right) = +\infty$$

e siccome $+\infty$ *è punto d'accumulazione del dominio della funzione logaritmo, il* Teorema 1.17 *risolve il problema. Si ha infatti:*

$$\lim_{n \to +\infty} a_n = \lim_{x \to +\infty} \log x = +\infty$$

Se non si riesce invece a trovare una "formula" che rappresenti la legge d'associazione della successione, la quale ci permetta di applicare qualcuno dei *Teoremi* dal 1.12 al 1.17, che fare?

Si può tentare con qualche altro dei *teoremi elencati* nei paragrafi precedenti o con una delle tecniche di cui parleremo nei prossimi paragrafi.

Vediamo intanto come si utilizza nella pratica il *Teorema dei carabinieri (Teorema 1.9)*.

1.13 Uso del teorema dei carabinieri

Nella pratica non abbiamo le tre successioni di cui parla l'enunciato del teorema ma una sola: quella su cui si deve operare.

Le due successioni che mancano: "successioni - carabiniere", si costruiscono così:

- si prende in esame la "formula" che rappresenta la legge d'associazione della successione data ed, a partire da essa, si costruiscono due "formule": una minorante ed una maggiorante.

Se le successioni, le cui leggi d'associazione sono rappresentate da quest'ultime, hanno lo stesso limite, allora la successione in istudio ha quello stesso limite e quindi il problema è risolto.

Se invece esse hanno limiti differenti o addirittura non hanno limite, l'unica cosa che possiamo dire è che:

- *o il limite non esiste*

- *o le "successioni carabiniere" che abbiamo costruito non sono adatte alla missione loro affidata.*

Che fare allora?

- *o tentare con altre "successioni carabiniere"*

- *o utilizzare qualche altra tecnica.*

Chiariamo quanto detto con due esempi.

Esempio 1.14 *Supponiamo di voler effettuare l'operazione di limite sulla successione:*
$$a_n = \left(\frac{2+\sin n}{5}\right)^n, \quad n \in \mathbb{N}.$$
Dal fatto che
$$\forall n \in \mathbb{N} \Rightarrow -1 < \sin n < 1$$
segue
$$\forall n \in \mathbb{N} \Rightarrow \left(\frac{2-1}{5}\right)^n < \left(\frac{2+\sin n}{5}\right)^n < \left(\frac{2+1}{5}\right)^n.$$

§ 1.14 Uso dei teoremi di Cesàro

Poiché
$$\lim_{n\to+\infty} \left(\frac{1}{5}\right)^n = \lim_{n\to+\infty} \left(\frac{3}{5}\right)^n = 0$$

concludiamo che
$$\lim_{n\to+\infty} \left(\frac{2+\sin n}{5}\right)^n = 0$$

e quindi la successione data è convergente *ed ha per limite* $l = 0$.

Esempio 1.15 *Supponiamo di voler effettuare l'operazione di limite sulla successione:*
$$a_n = (3+\sin n)^n, n \in \mathbb{N}.$$

Anche qui, ragionando come nell'esempio precedente possiamo dire:
$$\forall n \in \mathbb{N} \Rightarrow (3-1)^n < (3+\sin n)^n < (3+1)^n.$$

Poiché
$$\lim_{n\to+\infty} 2^n = \lim_{n\to+\infty} 4^n = +\infty$$

concludiamo che
$$\lim_{n\to+\infty} (3+\sin n)^n = +\infty$$

e quindi la successione data è divergente a $+\infty$.

Facciamo ora un po' di pratica con l'uso dei *teoremi di Cesàro (Teoremi 1.18, 1.19, 1.20 e 1.21)*.

1.14 Uso dei teoremi di Cesàro

Sperimentiamo su degli esempi l'utilità pratica dei teoremi di Cesàro.

Supponiamo di voler effettuare l'operazione di limite sulle seguenti successioni:

1. $b_n = \sqrt[n]{n}, \quad n \in \mathbb{N}$

2. $b_n = \sqrt[n]{|\binom{\alpha}{n}|}$, $n \in \mathbb{N}$, con $\alpha \in \mathbb{R} - \{0, 1, 2, \cdots\}$ [10]

3. $b_n = \frac{\sqrt[n]{n!}}{n}$, $n \in \mathbb{N}$

In tutti e tre gli esempi il *teorema 1.21* risolve il nostro problema.
Se poniamo infatti:

- nell'esempio 1., $a_n = n$, $n \in \mathbb{N}$

    si ha:
    $$\lim_{n \to +\infty} \frac{a_{n+1}}{a_n} = \lim_{n \to +\infty} \frac{n+1}{n} = \lim_{n \to +\infty} (1 + \frac{1}{n}) = 1$$

    e quindi $\lim_{n \to +\infty} \sqrt[n]{n} = 1$.

- nell'esempio 2. $a_n = |\binom{\alpha}{n}|$, $n \in \mathbb{N}$

    si ha:
    $$\lim_{n \to +\infty} \frac{a_{n+1}}{a_n} = \lim_{n \to +\infty} \frac{|\binom{\alpha}{n+1}|}{|\binom{\alpha}{n}|} = \lim_{n \to +\infty} \left|\frac{\binom{\alpha}{n+1}}{\binom{\alpha}{n}}\right| =$$
    $$= \lim_{n \to +\infty} \left|\frac{\alpha \cdot (\alpha-1) \cdots (\alpha-(n+1)+1)}{(n+1)!} \cdot \frac{n!}{\alpha \cdot (\alpha-1) \cdots (\alpha-n+1)}\right| =$$
    $$= \lim_{n \to +\infty} \left|\frac{\alpha \cdot (\alpha-1) \cdots (\alpha-n)}{(n+1) \cdot n!} \cdot \frac{n!}{\alpha \cdot (\alpha-1) \cdots (\alpha-n+1)}\right| =$$
    $$= \lim_{n \to +\infty} \left|\frac{\alpha-n}{n+1}\right| = \lim_{n \to +\infty} \left|\frac{n \cdot (\frac{\alpha}{n}-1)}{n \cdot (1+\frac{1}{n})}\right| = 1$$

    e quindi
    $$\lim_{n \to +\infty} \sqrt[n]{\left|\binom{\alpha}{n}\right|} = 1.$$

- nell'esempio 3., dopo aver scritto:
    $$b_n = \frac{\sqrt[n]{n!}}{n} = \sqrt[n]{\frac{n!}{n^n}}, \quad n \in \mathbb{N}$$

---

[10]Il simbolo $\binom{\alpha}{k}$ ha la stessa definizione del simbolo $\binom{n}{k}$ introdotto nel paragrafo 1.9, cioè
$$\binom{\alpha}{k} = \frac{\alpha(\alpha-1)(\alpha-2)\cdots(\alpha-k+1)}{k!}$$

da cui $a_n = \frac{n!}{n^n}$, $n \in \mathbb{N}$

si ha:

$$\lim_{n \to +\infty} \frac{a_{n+1}}{a_n} = \lim_{n \to +\infty} \left(\frac{(n+1)!}{(n+1)^{n+1}} \cdot \frac{n^n}{n!}\right) =$$
$$= \lim_{n \to +\infty} \left(\frac{(n+1) \cdot n!}{(n+1)^n \cdot (n+1)} \cdot \frac{n^n}{n!}\right) = \lim_{n \to +\infty} \frac{n^n}{(n+1)^n} =$$
$$= \lim_{n \to +\infty} \left(\frac{n}{n+1}\right)^n = \lim_{n \to +\infty} \left(\frac{n}{n \cdot (1+\frac{1}{n})}\right)^n =$$
$$= \lim_{n \to +\infty} \frac{1}{(1+\frac{1}{n})^n} = \frac{1}{e}$$

e quindi

$$\lim_{n \to +\infty} \frac{\sqrt[n]{n!}}{n} = \frac{1}{e}.$$

Ora che abbiamo orientato lo Studente circa l'uso dei teoremi enunciati, diciamo subito che anche la *regola di De l'Hospital* ci può essere utile in alcuni casi.

Vediamo come!

1.15 Uso della regola di De l'Hospital nel calcolo dei limiti delle successioni

Nel libro "Limiti e continuità" abbiamo visto che:

Data una funzione $f : y = f(x)$, $x \in A \subseteq \mathbb{R} \subset \tilde{\mathbb{R}}$ *e la sua* restrizione *di dominio* A_1, *se* x_0 *è punto d'accumulazione sia di A che di* A_1 *sono lecite le due operazioni di limite:*

$$\lim_{(x \in A) \to x_0} f(x) \quad e \quad \lim_{(x \in A_1) \to x_0} f(x)$$

e, se esiste il limite della funzione, *esiste anche il limite della* restrizione *ed i due limiti sono* uguali.

Da qui segue che:

Data una successione $\{a_n\}$**, se f è una funzione di**

dominio $A = [1, +\infty)$ di cui la successione data sia una restrizione, cioè tale che:

$$\forall n \in \mathbb{N} \Rightarrow f(n) = a_n$$

allora se esiste $\lim_{x \to +\infty} f(x)$ esiste anche $\lim_{n \to +\infty} a_n$ ed ha lo stesso valore.

Ciò premesso, se si deve effettuare l'operazione di limite su una successione quoziente $\{\frac{a_n}{b_n}\}$ e ci si trova di fronte ad uno dei casi di indecidibilità $\frac{0}{0}$ oppure $\frac{\pm\infty}{\pm\infty}$, allora se $\{a_n\}$ è restrizione di una funzione f, $\{b_n\}$ di una funzione g e quindi $\{\frac{a_n}{b_n}\}$ della funzione $\frac{f}{g}$, si ha che se

$$\lim_{x \to +\infty} \frac{f(x)}{g(x)} = l \Rightarrow \lim_{n \to +\infty} \frac{a_n}{b_n} = l.$$

Per effettuare poi l'operazione di $\lim_{x \to +\infty} \frac{f(x)}{g(x)}$, se ne sono verificate le ipotesi, si può appunto utilizzare la regola di De l'Hospital che abbiamo illustrato nel libro "Derivabilità, diagrammi e formula di Taylor".

Spieghiamoci con un esempio!

Esempio 1.16 *Supponiamo si debba effettuare l'operazione di limite*

$$\lim_{n \to +\infty} \frac{\log n}{n}.$$

Come si vede siamo in presenza del caso di indecidibilità $\frac{+\infty}{+\infty}$.

Applicando quanto abbiamo detto, possiamo scrivere:

$$\lim_{x \to +\infty} \frac{\log x}{x} \stackrel{H}{=} \lim_{x \to +\infty} \frac{\frac{1}{x}}{1} = \lim_{x \to +\infty} \frac{1}{x} = 0$$

§ 1.16 Criterio qualitativo di confronto tra infinitesimi

e concludere che
$$\lim_{n\to+\infty} \frac{\log n}{n} = 0 \quad {}^{11}$$

Altre due tecniche in uso per effettuare l'operazione di limite sulle successioni sono:

- il *principio di sostituzione degli infinitesimi*
- il *principio di sostituzione degli infiniti*.

Occupiamoci degli infinitesimi!

1.16 Criterio qualitativo di confronto tra infinitesimi

All'inizio del paragrafo 1.10 abbiamo dato la definizione di successione infinitesima.

Una condizione necessaria e sufficiente affinché una successione $\{a_n\}$ sia infinitesima è fornita dal seguente teorema:

Teorema 1.24 *Data una successione* $\{a_n\}$, *condizione necessaria e sufficiente affinché sia infinitesima è che lo sia la successione* $\{|a_n|\}$.
In simboli:
$$\lim_{n\to+\infty} a_n = 0 \Leftrightarrow \lim_{n\to+\infty} |a_n| = 0$$

Dimostrazione
Per dimostrare la *necessità* basta applicare il *Teorema 1.10*.

---

[11] Questa stessa operazione di limite si può anche effettuare utilizzando il *Teorema 1.22*. Posto infatti $a_n = \log n$, $n \in \mathbb{N}$, si ha:
$$\lim_{n\to+\infty} (a_{n+1} - a_n) = \lim_{n\to+\infty} (\log(n+1) - \log n) =$$
$$= \lim_{n\to+\infty} \log \frac{n+1}{n} = \lim_{n\to+\infty} \log(1 + \frac{1}{n}) = \log 1 = 0$$

e quindi $\lim_{n\to+\infty} \frac{\log n}{n} = 0$.

Per dimostrare la *sufficienza* basta tener presente che:
$$\forall n \in \mathbb{N} \Rightarrow -|a_n| \leq a_n \leq |a_n|$$
ed applicare poi il *Teorema 1.9 (Teorema dei carabinieri)*. **c.v.d.**

In virtù di tale teorema nelle nostre considerazioni ci serviremo a volte della successione $\{|a_n|\}$ anziché di $\{a_n\}$.

Date due successioni infinitesime $\{a_n\}$ e $\{b_n\}$, poiché è in generale differente la "rapidità" con cui "si avvicinano" allo zero le immagini a_n e b_n per $n \to +\infty$, come appare chiaro pensando ad esempio alle successioni $\{\frac{1}{n}\}$ e $\{\frac{1}{n^2}\}$, vogliamo stabilire un *criterio di confronto* tra tali "rapidità".

Un criterio, che risponde bene alle esigenze della nostra intuizione, può essere questo:

- Date due successioni infinitesime $\{a_n\}$ e $\{b_n\}$ con $b_n \neq 0$ e costruita la successione quoziente $\{\frac{a_n}{b_n}\}$, sappiamo che nulla si può a-priori dire circa il risultato dell'operazione di limite
$$\lim_{n \to +\infty} \frac{a_n}{b_n}$$
poiché ci troviamo di fronte al caso di indecidibilità $\frac{0}{0}$ e quindi può verificarsi uno qualunque dei casi contemplati nel seguente schema:

$$\lim_{n \to +\infty} \frac{a_n}{b_n} = \begin{cases} \text{esiste} & \begin{cases} = 0 \\ = l \in \mathbb{R} - \{0\} \\ = \pm\infty \end{cases} \\ \text{non esiste} \end{cases}$$

Poiché la successione $\{a_n\}$ vuol far diventare la successione $\{\frac{a_n}{b_n}\}$ un *infinitesimo* mentre la successione $\{b_n\}$ la vuol far diventare un *infinito*, se il limite risulterà essere zero vorrà dire che "ha vinto" la successione $\{a_n\}$; se risulterà essere $\pm\infty$, che "ha vinto" la successione $\{b_n\}$; se risulterà invece essere un numero $l \neq 0$, vorrà dire che non "ha vinto" nessuna delle due, ecc...

Queste considerazioni di carattere intuitivo ci portano alle seguenti definizioni:

§ 1.16 Criterio qualitativo di confronto tra infinitesimi

– Date due successioni infinitesime $\{a_n\}$ e $\{b_n\}$ con $b_n \neq 0$, si dice che $\{a_n\}$ è un *infinitesimo di ordine superiore* rispetto a $\{b_n\}$ se

$$\lim_{n \to +\infty} \frac{a_n}{b_n} = 0 \qquad (1.38)$$

– Date due successioni infinitesime $\{a_n\}$ e $\{b_n\}$ con $b_n \neq 0$, si dice che $\{a_n\}$ è un *infinitesimo di ordine inferiore* rispetto a $\{b_n\}$ se

$$\lim_{n \to +\infty} \frac{a_n}{b_n} = \pm\infty \qquad (1.39)$$

– Date due successioni infinitesime $\{a_n\}$ e $\{b_n\}$ con $b_n \neq 0$, si dice che $\{a_n\}$ e $\{b_n\}$ sono *infinitesimi dello stesso ordine* se

$$\lim_{n \to +\infty} \frac{a_n}{b_n} = l \in \mathbb{R} - \{0\} \qquad (1.40)$$

– Date due successioni infinitesime $\{a_n\}$ e $\{b_n\}$ con $b_n \neq 0$, si dice che $\{a_n\}$ e $\{b_n\}$ sono *infinitesimi non confrontabili* se

$$\nexists \lim_{n \to +\infty} \frac{a_n}{b_n} \qquad (1.41)$$

Il criterio di confronto che abbiamo elaborato è di tipo qualitativo.

Diciamo subito che non è l'unico criterio (qualitativo) di confronto possibile.

Se ad esempio confrontiamo, secondo il criterio che abbiamo elaborato, le successioni $\{|a_n|\}$ e $\{|b_n|\}$ invece delle successioni $\{a_n\}$ e $\{b_n\}$, otteniamo un nuovo criterio (qualitativo) di confronto.

Poiché se esiste $\lim_{n \to +\infty} \frac{a_n}{b_n}$ esiste anche $\lim_{n \to +\infty} \frac{|a_n|}{|b_n|}$ e non viceversa, diciamo che quest'ultimo è più generale di quello che noi abbiamo elaborato nel senso che più successioni sono tra loro confrontabili secondo tale criterio.

Non vogliamo qui dilungarci a passare in rassegna i criteri qualitativi di confronto esistenti. Nel seguito utilizzeremo solo quello che abbiamo qui elaborato e più tardi, a partire da esso, ne costruiremo uno quantitativo.

Introduciamo intanto i due simboli:

- o (si legge "o piccolo")

- $\sim$ (si legge "asintoticamente equivalente")

che sono stati introdotti per esprimere in modo sintetico le seguenti situazioni:

- Date due *successioni infinitesime* $\{a_n\}$ e $\{b_n\}$, per esprimere che $\{a_n\}$ è un *infinitesimo di ordine superiore* rispetto a $\{b_n\}$, si suol scrivere:
$$a_n = o(b_n)$$
e si legge: $\{a_n\}$ è un "o piccolo" di $\{b_n\}$.

- Date due *successioni infinitesime* $\{a_n\}$ e $\{b_n\}$, se sono *infinitesime dello stesso ordine* e risulta
$$\lim_{n \to +\infty} \frac{a_n}{b_n} = 1,$$
si suol scrivere:
$$a_n \sim b_n$$
e si legge: $\{a_n\}$ è "asintoticamente equivalente" a $\{b_n\}$[12]

Segnaliamo ora quattro proprietà degli infinitesimi su cui poggiano molte delle nostre considerazioni future.

---

[12] Se $\{a_n\}$ e $\{b_n\}$ sono infinitesimi dello stesso ordine ma non sono equivalenti è facile convincersi che $\{a_n\}$ e $\{l \cdot b_n\}$ lo sono.

1.17 Proprietà degli infinitesimi

Enunciamo ora quattro teoremi che esprimono altrettante proprietà degli infinitesimi.

Teorema 1.25 *Se* $\{a_n\}$ *è una successione infinitesima,* $\{|a_n|^\alpha\}$ *(con* $\alpha > 0$*) lo è pure e quest'ultima risulta essere un* infinitesimo d'ordine superiore *rispetto ad* $\{a_n\}$ *se è* $\alpha > 1$*, d'ordine inferiore se è* $0 < \alpha < 1$*.*

Dimostrazione
È evidente.

Teorema 1.26 *Date tre successioni infinitesime* $\{a_n\}$*,* $\{b_n\}$ *e* $\{c_n\}$*, se* $\{a_n\}$ *è un* infinitesimo di ordine superiore *rispetto a* $\{b_n\}$ *e* $\{b_n\}$ *lo è a sua volta rispetto a* $\{c_n\}$*, allora* $\{a_n\}$ *è un* infinitesimo di ordine superiore *rispetto a* $\{c_n\}$*.*

Dimostrazione
Basta osservare che:

$$\lim_{n \to +\infty} \frac{a_n}{c_n} = \lim_{n \to +\infty} \left(\frac{a_n}{b_n} \cdot \frac{b_n}{c_n}\right) = 0 \cdot 0 = 0$$

c.v.d.

Teorema 1.27 *Date tre successioni infinitesime* $\{a_n\}$*,* $\{b_n\}$ *e* $\{c_n\}$*, se* $\{a_n\}$ *è un* infinitesimo dello stesso ordine *di* $\{b_n\}$ *e* $\{b_n\}$ *è a sua volta un* infinitesimo dello stesso ordine *di* $\{c_n\}$*, allora* $\{a_n\}$ *è un* infinitesimo dello stesso ordine *di* $\{c_n\}$*.*

Dimostrazione
Basta anche qui osservare che:

$$\lim_{n \to +\infty} \frac{a_n}{c_n} = \lim_{n \to +\infty} \left(\frac{a_n}{b_n} \cdot \frac{b_n}{c_n}\right) = l \cdot l' \neq 0$$

c.v.d.

Teorema 1.28 *Se* $\{a_n\}$ *e* $\{b_n\}$ *sono* infinitesime dello stesso ordine *cioè*

$$\lim_{n\to+\infty} \frac{a_n}{b_n} = l \in \mathbb{R} - \{0\}$$

allora
$$\forall n \in \mathbb{N} \Rightarrow a_n = lb_n + \omega_n \cdot b_n \qquad (1.42)$$

cioè l'infinitesimo $\{a_n\}$ *può essere espresso come somma di due infinitesimi:* $\{l \cdot b_n\}$ *e* $\{\omega_n \cdot b_n\}$ *di cui il primo è ad esso equivalente mentre il secondo è d'ordine superiore.*

Dimostrazione

$$\lim_{n\to+\infty} \frac{a_n}{b_n} = l \Leftrightarrow \lim_{n\to+\infty} \left(\frac{a_n}{b_n} - l\right) = 0.$$

Poiché la successione

$$\omega_n = \frac{a_n}{b_n} - l, \quad n \in \mathbb{N}$$

è un infinitesimo, esprimendo $\{a_n\}$ per mezzo di ω_n, segue la tesi.

c.v.d.

Vediamo ora come utilizzare, ai fini pratici, le definizioni date.

1.18 Principio di cancellazione degli infinitesimi

Assegnate quattro successioni infinitesime $\{a'_n\}$, $\{a''_n\}$, $\{b'_n\}$ e $\{b''_n\}$, di cui $\{a''_n\}$ infinitesimo di ordine superiore rispetto ad $\{a'_n\}$ e $\{b''_n\}$ infinitesimo di ordine superiore rispetto a $\{b'_n\}$, costruiamo, a partire da esse, la successione quoziente

$$\{c_n\} = \left\{\frac{a'_n + a''_n}{b'_n + b''_n}\right\}$$

la quale può anche essere espressa così:

$$\{c_n\} = \left\{\frac{a'_n}{b'_n} \cdot \frac{1 + \frac{a''_n}{a'_n}}{1 + \frac{b''_n}{b'_n}}\right\}.$$

§ 1.18 Principio di cancellazione degli infinitesimi

Poiché è
$$\lim_{n\to+\infty} \frac{1+\frac{a_n''}{a_n'}}{1+\frac{b_n''}{b_n'}} = 1$$

se esiste $\lim_{n\to+\infty} \frac{a_n'}{b_n'}$ esiste anche $\lim_{n\to+\infty} c_n$ ed ha lo stesso valore.
In simboli

$$\lim_{n\to+\infty} c_n = \lim_{n\to+\infty} \frac{a_n' + a_n''}{b_n' + b_n''} = \lim_{n\to+\infty} \frac{a_n'}{b_n'} \qquad (1.43)$$

La (1.47) permette di concludere:

- quando si deve effettuare l'operazione di limite sul *quoziente* di due successioni infinitesime, se le successioni che compaiono al numeratore ed al denominatore sono a loro volta *somme* di *due* successioni infinitesime si può cancellare al numeratore ed al denominatore il termine che è infinitesimo di ordine superiore rispetto al termine che si conserva.

La conclusione a cui siamo giunti va sotto il nome di *principio di cancellazione degli infinitesimi*.

Osserviamo che il principio di cancellazione degli infinitesimi non risolve il problema di come effettuare l'operazione di limite però ci dà una mano in quanto ci consente di operare, anziché sulla successione assegnata $\{c_n\}$, sulla successione $\left\{\frac{a_n'}{b_n'}\right\}$ la cui legge d'associazione è rappresentata da una "formula" più semplice.

A questo punto è naturale chiedersi:

- se dobbiamo effettuare l'operazione di limite su di una successione quoziente, in cui il numeratore ed il denominatore sono somme di più di due infinitesimi è ancora lecito *utilizzare il principio di cancellazione degli infinitesimi*?

È facile intuire che la risposta è affermativa.

Possiamo infatti, applicando le *proprietà associativa* e *commutativa* della somma, ridurci al caso trattato.

Spieghiamoci con un esempio.

Supponiamo di dover effettuare l'operazione di limite:

$$\lim_{n \to +\infty} \frac{a'_n + a''_n + a'''_n}{b'_n + b''_n + b'''_n + b''''_n}$$

ove tutti i termini che compaiono al numeratore e al denominatore sono infinitesimi per $n \to +\infty$. Per quanto riguarda il *numeratore* si procede così:

1. Si raggruppano i termini come in tabella

$$\begin{array}{cc} a'_n & a''_n + a'''_n \\ a''_n & a'_n + a'''_n \\ a'''_n & a'_n + a''_n \end{array}$$

2. si confronta $\{a'_n\}$ con $\{a''_n + a'''_n\}$ e dei due si scarta quello che è infinitesimo di ordine superiore

    – Se l'infinitesimo di ordine superiore è $\{a''_n + a'''_n\}$, esso viene scartato e quindi al numeratore resta solo $\{a'_n\}$; per quanto riguarda il numeratore quindi, il processo di cancellazione è terminato perché abbiamo raggiunto la massima semplificazione possibile.

    – Se invece l'infinitesimo di ordine superiore è $\{a'_n\}$, esso viene scartato e quindi al numeratore resta $\{a''_n + a'''_n\}$, dopo di che si procede al confronto tra $\{a''_n\}$ e $\{a'''_n\}$ cioè si applica il *principio di cancellazione* così come lo abbiamo enunciato.

    – Se infine $\{a'_n\}$ e $\{a''_n + a'''_n\}$ sono infinitesimi dello stesso ordine, non potendo scartare nessuno dei due, si passa a confrontare $\{a''_n\}$ con $\{a'_n + a'''_n\}$ e così via.

Per quanto riguarda il *denominatore*, si procede allo stesso modo. Concludendo:

– per poter effettuare la *cancellazione*, sia al numeratore che al denominatore, si deve *confrontare* ciascun termine che vi compare con la somma di tutti gli altri.

§1.19 Criterio quantitativo di confronto tra infinitesimi

A partire dalla (1.42) e dal *principio di cancellazione* andiamo ora a mettere a punto il *principio di sostituzione degli infinitesimi* che abbiamo preannunciato alla fine del paragrafo 1.15.

Per rendere però quest'ultimo il più operativo possibile, è necessario dire due parole su un *criterio quantitativo di confronto* tra infinitesimi molto usato nella pratica.

1.19 Criterio quantitativo di confronto tra infinitesimi: ordine d'infinitesimo

Date due successioni infinitesime $\{a_n\}$ e $\{b_n\}$ nel paragrafo 1.16 abbiamo elaborato un criterio qualitativo di confronto tra le "rapidità" con cui si avvicinano allo zero a_n e b_n quando $n \to +\infty$.

Nel caso che $\{a_n\}$ sia un infinitesimo di ordine superiore (o inferiore) rispetto a $\{b_n\}$ vogliamo costruire un criterio quantitativo di confronto tra queste "rapidità".

Tale criterio ci dovrà fornire un numero come "misura" della "rapidità" con cui si avvicina a zero a_n prendendo appunto come unità di misura la rapidità con cui vi si avvicina b_n quando $n \to +\infty$.

Il *Teorema 1.25* ci suggerisce la via da seguire.

Poiché se $\{b_n\}$ è un infinitesimo, $\{|b_n|^\alpha\}$ con $\alpha > 0$ lo è pure, ci poniamo il problema di vedere se è possibile trovare un $\overline{\alpha} > 0$ tale che le successioni $\{a_n\}$ e $\{|b_n|^{\overline{\alpha}}\}$ siano infinitesime dello stesso ordine.

Se un tale numero $\overline{\alpha}$ esiste, si dice che $\{a_n\}$ è un *infinitesimo di ordine* $\overline{\alpha}$ rispetto a $\{b_n\}$.

La successione $\{b_n\}$ si chiama *infinitesimo campione* e nel seguito assumeremo come infinitesimo campione la successione $\{\frac{1}{n}\}$.

Nel futuro quindi il nostro criterio di confronto quantitativo tra infinitesimi sarà questo:

– Diremo che una successione infinitesima $\{a_n\}$ è un infinitesimo di ordine $\overline{\alpha}$ se
$$\lim_{n \to +\infty} \frac{a_n}{\frac{1}{n^{\overline{\alpha}}}} = l \in \mathbb{R} - \{0\}.$$

Non bisogna pensare che tutte le successioni infinitesime siano confrontabili con $\{\frac{1}{n}\}$ secondo il criterio qualitativo adottato nel paragrafo 1.16 e quelle che lo sono, lo siano anche secondo il criterio quantitativo che abbiamo appena elaborato.

Il verificarsi di tali eventualità ci è mostrato dai seguenti esempi.

Esempio 1.17 *La successione infinitesima $\{\frac{1}{n}\sin n\}$ non è confrontabile con $\{\frac{1}{n}\}$; si ha infatti che*

$$\nexists \lim_{n\to+\infty} \frac{\frac{1}{n}\sin n}{\frac{1}{n}} = \lim_{n\to+\infty} \sin n.$$

Esempio 1.18 *La successione infinitesima $\{\frac{1}{2^n}\}$ è confrontabile con $\{\frac{1}{n}\}$ e rispetto ad essa è un infinitesimo di ordine superiore ma non è confrontabile con essa secondo il criterio quantitativo adottato perché $\forall \alpha > 0$ risulta:*

$$\lim_{n\to+\infty} \frac{\frac{1}{2^n}}{\frac{1}{n^\alpha}} = \lim_{n\to+\infty} \frac{n^\alpha}{2^n} = 0$$

Andiamo finalmente a parlare del *principio di sostituzione degli infinitesimi*!

1.20 Principio di sostituzione degli infinitesimi

Se dobbiamo effettuare l'operazione di limite

$$\lim_{n\to+\infty} \frac{a_n}{b_n} \tag{1.44}$$

con $\{a_n\}$ e $\{b_n\}$ entrambe infinitesime e nessuna delle tecniche finora illustrate è efficace, la *(1.42)* unitamente al *principio di cancellazione degli infinitesimi* ci suggerisce quest'altra tecnica che va appunto sotto il nome di *principio di sostituzione degli infinitesimi*.

§ 1.20 Principio di sostituzione degli infinitesimi

Tenendo presente che $\forall \alpha > 0$ la successione $\{\frac{1}{n^\alpha}\}$ è infinitesima, se è possibile trovare un numero $\alpha' > 0$ tale che:

$$\lim_{n \to +\infty} \frac{a_n}{\frac{1}{n^{\alpha'}}} = l' \in \mathbb{R} - \{0\}$$

ed un numero $\alpha'' > 0$ tale che

$$\lim_{n \to +\infty} \frac{b_n}{\frac{1}{n^{\alpha''}}} = l'' \in \mathbb{R} - \{0\}$$

la (1.46) ci consente di scrivere, $\forall n \in \mathbb{N}$:

$$a_n = l' \frac{1}{n^{\alpha'}} + \omega'_n \frac{1}{n^{\alpha'}}$$

$$b_n = l'' \frac{1}{n^{\alpha''}} + \omega''_n \frac{1}{n^{\alpha''}}$$

e, sostituendo tali espressioni nella (1.44), si ha:

$$\lim_{n \to +\infty} \frac{a_n}{b_n} = \lim_{n \to +\infty} \frac{l' \frac{1}{n^{\alpha'}} + \omega'_n \frac{1}{n^{\alpha'}}}{l'' \frac{1}{n^{\alpha''}} + \omega''_n \frac{1}{n^{\alpha''}}} =$$

$$= \text{per il principio di cancellazione} =$$

$$= \lim_{n \to +\infty} \frac{l' \frac{1}{n^{\alpha'}}}{l'' \frac{1}{n^{\alpha''}}} = \frac{l'}{l''} \lim_{n \to +\infty} \frac{n^{\alpha''}}{n^{\alpha'}} =$$

$$= \begin{cases} \frac{l'}{l''} \cdot 1 = \frac{l'}{l''} & \text{se} \quad \alpha'' = \alpha' \\ \frac{l'}{l''} \cdot 0 = 0 & \text{se} \quad \alpha'' < \alpha' \\ \frac{l'}{l''} \cdot (+\infty) = \pm\infty & \text{se} \quad \alpha'' > \alpha' \end{cases}$$

e quindi il problema è risolto.

Ciò che abbiamo fatto è stato questo:

– Abbiamo sostituito gli infinitesimi $\{a_n\}$ e $\{a_n\}$ con due infinitesimi ad essi equivalenti: $\{l' \frac{1}{n^{\alpha'}}\}$, $\{l'' \frac{1}{n^{\alpha''}}\}$; da qui il nome di *principio di sostituzione degli infinitesimi* dato alla tecnica elaborata.

Occupiamoci ora degli infiniti!

1.21 Principio di sostituzione degli infiniti

Nel paragrafo 1.10 abbiamo detto che se una successione $\{a_n\}$ è un infinito allora la successione $\{\frac{1}{a_n}\}$ è un infinitesimo.

Questa relazione tra infiniti e infinitesimi ci consente di estendere immediatamente agli infiniti quanto abbiamo detto per gli infinitesimi, cioé:

a) di elaborare un *criterio di confronto qualitativo tra infiniti*

b) di enunciare il *principio di cancellazione degli infiniti*

c) di elaborare un *criterio di confronto quantitativo tra infiniti* che si riassume nella definizione di *ordine d'infinito* rispetto ad un infinito assunto come *infinito campione*

d) di enunciare il *principio di sostituzione degli infiniti*

Non esporremo qui, per ragioni di spazio, tale estensione che viene lasciata come esercizio allo Studente; ci limiteremo invece a riportare le definizioni a cui Egli arriverà se avrà ragionato correttamente, partendo da quanto abbiamo detto per gli infinitesimi e dalla relazione che li lega agli infiniti. Diamo tali definizioni!

– **Date due successioni infinite $\{a_n\}$ e $\{b_n\}$, si dice che $\{a_n\}$ è un *infinito di ordine superiore* rispetto a $\{b_n\}$ se**

$$\lim_{n\to+\infty} \frac{a_n}{b_n} = \pm\infty \qquad (1.45)$$

– **Date due successioni infinite $\{a_n\}$ e $\{b_n\}$, si dice che $\{a_n\}$ è un *infinito di ordine inferiore* rispetto a $\{b_n\}$ se**

$$\lim_{n\to+\infty} \frac{a_n}{b_n} = 0 \qquad (1.46)$$

– **Date due successioni infinite $\{a_n\}$ e $\{b_n\}$, si dice che $\{a_n\}$ e $\{b_n\}$ sono *infiniti dello stesso ordine* se**

$$\lim_{n\to+\infty} \frac{a_n}{b_n} = l \in \mathbb{R} - \{0\} \qquad (1.47)$$

§ 1.21 Principio di sostituzione degli infiniti

— **Date due successioni infinite $\{a_n\}$ e $\{b_n\}$, si dice che $\{a_n\}$ e $\{b_n\}$ sono *infiniti non confrontabili* se**

$$\nexists \lim_{n \to +\infty} \frac{a_n}{b_n}$$

Nel caso degli infinitesimi, per esprimere che $\{a_n\}$ è un *infinitesimo di ordine superiore* rispetto a $\{b_n\}$ scriviamo:

$$a_n = o(b_n).$$

Nel caso degli infiniti, per esprimere che $\{a_n\}$ è un *infinito di ordine superiore* rispetto a $\{b_n\}$ è inutile introdurre una notazione analoga.

Osservando che

$$\lim_{n \to +\infty} \frac{a_n}{b_n} = \lim_{n \to +\infty} \frac{\frac{1}{b_n}}{\frac{1}{a_n}} = \pm\infty$$

scriviamo:

$$\frac{1}{a_n} = o\left(\frac{1}{b_n}\right) \tag{1.48}$$

Nel caso degli infinitesimi poi, per esprimere che

$$\lim_{n \to +\infty} \frac{a_n}{b_n} = 1 \tag{1.49}$$

cioé che $\{a_n\}$ e $\{b_n\}$ sono *infinitesimi asintoticamente equivalenti* scriviamo:

$$a_n \sim b_n.$$

Nel caso degli infiniti, se vale la (1.49) poiché è appunto:

$$\lim_{n \to +\infty} \frac{a_n}{b_n} = \lim_{n \to +\infty} \frac{\frac{1}{b_n}}{\frac{1}{a_n}} = 1$$

scriviamo:

$$\frac{1}{a_n} \sim \frac{1}{b_n} \tag{1.50}$$

ed anche in questo caso si dice che $\{a_n\}$ e $\{b_n\}$ sono infiniti *asintoticamente equivalenti*.

Anche per gli infiniti valgono:

- le proprietà espresse dai *teoremi 1.25, 1.26, 1.27, 1.28*;

- il *Principio di cancellazione degli infiniti*.

Quando si deve effettuare l'operazione di limite sul *quoziente* di due successioni infinite, se le successioni che compaiono al numeratore ed al denominatore sono a loro volta *somme* di *due* successioni infinite, si può cancellare al numeratore ed al denominatore il termine che è infinito d'ordine inferiore rispetto al termine che si conserva.

Definizione di ordine d'infinito
Date due successioni infinite $\{a_n\}$ e $\{b_n\}$ tra loro confrontabili ma non infinite dello stesso ordine, si dice che $\{a_n\}$ è un infinito di ordine $\overline{\alpha} > 0$ rispetto a $\{b_n\}$ se
$$\lim_{n \to +\infty} \frac{a_n}{|b_n|^{\overline{\alpha}}} = l \in \mathbb{R} - \{0\}.$$

La successione $\{b_n\}$ si chiama *infinito campione* e nel seguito assumeremo come infinito campione la successione $\{n\}$.

Principio di sostituzione degli infiniti

Quando si deve effettuare l'operazione di limite sul *quoziente* di due successioni infinite, le successioni che compaiono al numeratore ed al denominatore possono essere sostituite con successioni ad esse equivalenti.

Per terminare con le successioni, diciamo due parole su come si effettua l'operazione di limite su una successione quando la legge d'associazione è data *per induzione (o ricorrenza)*.

1.22 Come si effettua l'operazione di limite su una successione la cui legge d'associazione è data per induzione

Se la legge d'associazione di una successione $\{a_n\}$ è data per induzione, cioé è del tipo:
$$\begin{cases} a_1 = \alpha \\ a_{n+1} = f(a_n) \end{cases} \tag{1.51}$$

§ 1.22 Limite di una successione data per induzione

l'operazione di limite si effettua in tre tappe.

1^a **tappa** Si dimostra se il limite esiste e per fare ciò non ci sono "ricette" da suggerire.

2^a **tappa** Se il limite esiste, detto l il suo valore, se quest'ultimo è un numero, deve essere soluzione dell'equazione che si ottiene effettuando l'operazione di limite per $n \to +\infty$ sui due membri della (1.51).

Si ha:
$$l = \lim_{n \to +\infty} a_{n+1} = \lim_{n \to +\infty} f(a_n) = f(l)$$

e quindi l'equazione è:
$$l = f(l) \tag{1.52}$$

Si trovano poi le soluzioni della (1.52) se le ha.

3^a **tappa** Se la (1.52) ha soluzioni, si decide, sulla base delle considerazioni fatte nella 1^a *tappa*, che ci hanno portato a concludere che il limite esiste, quale di esse è il limite.

Se invece la (1.52) non ha soluzioni, il limite è $\pm\infty$ e, sempre le considerazioni svolte nella 1^a *tappa*, ci consentono di selezionare il segno.

Sperimentiamo tutto questo su due esempi.

Esempio 1.19
$$\begin{cases} a_1 = 5 \\ a_{n+1} = a_n + \frac{1}{a_n} \end{cases}$$

1^a **tappa** *Osserviamo che $a_1 = 5 > 0$ e poiché ammesso che sia $a_n > 0$ lo è anche $a_{n+1} = a_n + \frac{1}{a_n}$, concludiamo che tutti gli a_n sono > 0, per il principio d'induzione.*[13]

---

[13] Ricordiamo che il *principio d'induzione* dice questo:

- Dato un insieme A *numerabile* e supposto di avere numerato i suoi elementi, siano rispettivamente $a_1, a_2, a_3, \ldots, a_n, a_{n+1}, \ldots\ldots$ il primo, il secondo, il terzo, ..., l'n-mo, l'$(n+1)$-mo, ecc ....

Poiché $a_n > 0 \Rightarrow \frac{1}{a_n} > 0 \Rightarrow a_{n+1} > a_n$ concludiamo che la successione $\{a_n\}$ è monotòna crescente *quindi è dotata di* limite l e quest'ultimo è il sup *del suo codominio, quindi risulta essere* $0 < l \leq +\infty$.

2^a **tappa** *Da*
$$\lim_{n \to +\infty} a_{n+1} = \lim_{n \to +\infty} (a_n + \frac{1}{a_n})$$
segue l'equazione
$$l = l + \frac{1}{l} \Leftrightarrow \frac{1}{l} = 0$$
la quale non ha soluzioni; il limite l può essere quindi $\pm \infty$.

3^a **tappa** *Dal fatto poi che il limite l è il* sup *del codominio si conclude che è* $l = +\infty$.

Esempio 1.20
$$\begin{cases} a_1 = 4 \\ a_{n+1} = \frac{a_n}{1+a_n} \end{cases}$$

1^a **tappa** *Anche qui, utilizzando il principio d'induzione, ci accorgiamo che è $a_n > 0$.*

Da $a_n > 0 \Rightarrow 1 + a_n > 1 \Rightarrow a_{n+1} < a_n$ quindi la successione è monotòna decrescente *e pertanto è dotata di* limite l *e quest'ultimo è l'*inf *del suo codominio; risulta quindi $0 \leq l$.*

2^a **tappa** *Da*
$$\lim_{n \to +\infty} a_{n+1} = \lim_{n \to +\infty} (\frac{a_n}{1+a_n})$$

Per dimostrare che una data *proprietà* $\mathcal{P}$ sia goduta da tutti gli elementi di A, basta fare due cose:

I constatare che l'elemento a_1 gode della proprietà $\mathcal{P}$.

II dimostrare che se a_n (generico elemento di A) gode della proprietà $\mathcal{P}$, anche a_{n+1} cioé l'elemento ad esso successivo ne gode.

§ 1.22 Limite di una successione data per induzione

segue l'equazione

$$l = \frac{l}{1+l} \Leftrightarrow l(1+l) - l = 0 \Leftrightarrow l^2 = 0$$

la quale ha come unica soluzione $l = 0$, *quindi*

$$\lim_{n \to +\infty} a_n = 0.$$

Con questo abbiamo terminato con le successioni. Prima di passare al Capitolo 2, invitiamo vivamente lo Studente a risolvere gli esercizi qui di seguito proposti.

Esercizi sugli argomenti trattati nel Capitolo 1

Quesiti sulle successioni numeriche

1. Se una successione $\{a_n\}$ è convergente, è essa limitata?

2. Se una successione $\{a_n\}$ è limitata, può essa essere divergente a $+\infty$?

3. Se una successione $\{a_n\}$ ha i termini $a_n > 0$ per $n > 10^3$, può essa essere indeterminata?

4. Se una successione $\{a_n\}$ è indeterminata, è certo che essa ha due soli punti-limite?

5. Il "più piccolo" ed il "più grande" dei punti-limite di una successione $\{a_n\}$ sono sempre gli estremi del suo codominio?

6. Data una successione $\{a_n\}$, se la sua sottosuccessione di dominio $\mathbb{N}' = \{n \in \mathbb{N} : n > 10^6\}$ è monotòna crescente, il suo limite è anche limite della successione?

7. Data una successione $\{a_n\}$, se due sottosuccessioni di essa hanno limiti differenti, è certo che la successione è indeterminata?

8. Data una successione $\{a_n\}$, se le due sottosuccessioni di dominio rispettivamente $\mathbb{N}_p$ e $\mathbb{N}_d$ hanno limiti distinti, è certo che essi sono gli unici punti-limite della successione?

9. Date due successioni $\{a_n\}$ e $\{b_n\}$, se risulta $a_n = b_n$ solo per $n > 10^4$, è certo che le due successioni hanno lo stesso carattere?

10. Data una successione $\{a_n\}$, se è convergente ed a è il suo limite, è certo che $\min \lim_{n \to +\infty} a_n = \max \lim_{n \to +\infty} a_n = a$?

11. Data una successione $\{a_n\}$, ha senso effettuare l'operazione di limite per $n \to 10^{10}$?

12. Data una successione

$$a_n = \begin{cases} \frac{1}{n}, & n < 10^6 \\ n, & n \geq 10^6 \end{cases}$$

è corretto effettuare l'operazione di limite così:

$$\lim_{n \to +\infty} a_n = \lim_{n \to +\infty} n = +\infty$$

e concludere che la successione è divergente a $+\infty$?

A titolo di esempio risolviamo l'esercizio 1), 10), 11) e 12).

Quesito 1
Dire che $\{a_n\}$ è convergente vuol dire che esiste un numero $a \in \mathbb{R}$ tale che $\lim_{n \to +\infty} a_n = a$ cioé esiste un numero $a \in \mathbb{R}$ tale che:

$$\forall \varepsilon > 0 \quad \exists n_\varepsilon \quad : \quad \forall n > n_\varepsilon \Rightarrow a - \varepsilon < a_n < a + \varepsilon.$$

Poiché fuori dell'intervallo $(a - \varepsilon, a + \varepsilon)$ vi sono al più le immagini dei numeri $1, 2, 3, \ldots, n_\varepsilon$ cioè i numeri: $a_1, a_2, \ldots, a_{n_\varepsilon}$, concludiamo che ogni numero minore del $\min\{a_1, a_2, \ldots, a_{n_\varepsilon}, a-\varepsilon\}$ è minorante ed ogni numero maggiore del $\max\{a_1, a_2, \ldots, a_{n_\varepsilon}, a+\varepsilon\}$ è maggiorante del codominio della successione e pertanto essa è limitata.

Quesito 10
Sappiamo che il minimo ed il massimo limite di una successione sono rispettivamente il minimo ed il massimo dell'insieme L dei suoi punti-limite.

Poiché se una successione $\{a_n\}$ è convergente ed ha per limite a, quest'ultimo è l'unico suo punto limite, si ha allora $L = \{a\}$ ed a è contemporaneamente minimo e massimo dell'insieme L e quindi minimo e massimo limite per la successione.

Quesito 11
L'operazione $\lim_{n\to 10^{10}} a_n$ non ha senso perché 10^{10} non è punto d'accumulazione per il dominio $\mathbb{N}$ della successione.

Quesito 12
L'operazione di limite così come è stata eseguita è corretta perché le immagini a_n dei punti n "vicini" a $+\infty$ sono $a_n = n$.

Sull'ordine d'infinitesimo

Esercizio 1.1 *Dire quale è l'ordine d'infinitesimo rispetto all'"infinitesimo campione"* $\{\frac{1}{n}\}$ *di ciascuna delle seguenti successioni:*

1. $\{\sin \frac{1}{n}\}$

2. $\{\arcsin \frac{1}{n}\}$

3. $\{\tan \frac{1}{n}\}$

4. $\{\arctan \frac{1}{n}\}$

5. $\{1 - \cos \frac{1}{n}\}$

6. $\{e^{\frac{1}{n}} - 1\}$

7. $\{\log(1 + \frac{1}{n})\}$

8. $\{(1 + \frac{1}{n})^\alpha - 1\}$ *con* $\alpha > 0$.

Esercizio 1.2 *Dire se le successioni 1., 2., 3., 4., 5., 6., 7., e 8. citate nell'esercizio 1.1 sono infinitesimi dello stesso ordine.*

Esercizio 1.3 *Dire se esiste qualche valore del parametro α per cui le successioni 5. ed 8. citate nell'esercizio 1.1 sono infinitesimi dello stesso ordine.*

Esercizio 1.4 *Dire quali delle seguenti uguaglianze sono vere e quali false:*

1. $\sin\frac{1}{n^2} = \frac{1}{n^2} + o(\frac{1}{n^2})$

2. $\arcsin\frac{1}{n^3} = \frac{1}{n^3} + o(\frac{1}{n^3})$

3. $\tan\frac{1}{\sqrt{n}} = \frac{1}{\sqrt{n}} + o(\frac{1}{\sqrt{n}})$

4. $\arctan\frac{1}{\sqrt{3n}} = \frac{1}{\sqrt{3n}} + o(\frac{1}{\sqrt{3n}})$

5. $\arctan\frac{1}{n^2} = \frac{1}{n^2} + o(\frac{1}{n^2})$

6. $1 - \cos\frac{1}{n^3} = \frac{1}{n} + o(\frac{1}{n})$

7. $e^{\frac{1}{n^2}} - 1 = \arctan\frac{1}{n^2} + o(\frac{1}{n^2})$

Esercizio 1.5 *Dire se è corretto il metodo con cui è stata effettuata la seguente operazione di limite:*

$$\lim_{n\to+\infty} \frac{e^{\arctan\frac{1}{n}} - 1}{\log(1 + \sin\frac{1}{2n})} = \lim_{n\to+\infty} \frac{\arctan\frac{1}{n}}{\sin\frac{1}{2n}} = \lim_{n\to+\infty} \frac{\frac{1}{n}}{\frac{1}{2n}} =$$

$$= \lim_{n\to+\infty} \frac{2n}{n} = 2$$

Sull'operazione di limite

Effettuare le seguenti operazioni di limite:

1. $\lim_{n\to+\infty} \log\frac{n^2+3n+3}{n^2+1}$

2. $\lim_{n\to+\infty} \frac{\sqrt{n+1}-\sqrt{n}}{\log n}$

3. $\lim_{n\to+\infty} \left[\frac{n^3}{n^2+1} \cdot \log(1+\frac{1}{n})\right]$

4. $\lim_{n\to+\infty} \frac{1+\sqrt{n+1}}{\sqrt{2n+1}}$

5. $\lim_{n\to+\infty} (\sqrt{n^2+n} - \sqrt{n^2-n+1})$

6. $\lim_{n\to+\infty} (\frac{n+1}{n+5})^n$

7. $\lim_{n\to+\infty} (\frac{n+1}{n+5})^{3n}$

8. $\lim_{n\to+\infty} \frac{5^n-3^n}{4^n-2^n}$

9. $\lim_{n\to+\infty} (\tan\frac{1}{n} \log\frac{1}{n})$

10. $\lim_{n\to+\infty} (1+\frac{3}{n})^{n^2 \arctan\frac{1}{n}}$

11. $\lim_{n\to+\infty} (e^{\sqrt{n^2-n}} - e^n)$

12. $\lim_{n\to+\infty} \{[1+(-1)^n](\frac{n+1}{n})^n + [1-(-1)^n](\frac{n}{n+1})^n\}$

13. $\lim_{n\to+\infty} \frac{(-1)^n(n^2+n)-n^2}{n\log(n^2+1)}$

14. $\lim_{n\to+\infty} \log\left\{1 + \frac{[1-\cos(n\pi)]n+3}{n^2+2}\right\}$

15. $\lim_{n\to+\infty} \left[n\log(1+\frac{(-1)^n}{n})^n\right]$

16. $\lim_{n\to+\infty} \left[\cos(n\pi)\frac{\sqrt{n}}{\log n}\right]$

17. $\lim_{n\to+\infty} \left[(-1)^n(8-\frac{5}{n})\arctan\frac{n^2+(-1)^n n^2+5n+14}{n+3}\right]$

18. $\lim_{n\to+\infty} \frac{\int_1^{n^3} \frac{1}{x}dx}{n^2}$.

77

A titolo di esempio risolviamo gli esercizi 2., 3., 6., 8., 10., 11, 12, e 18.

Esercizio 2

$$\lim_{n \to +\infty} \frac{\sqrt{n+1} - \sqrt{n}}{\log n} = \lim_{n \to +\infty} \frac{(\sqrt{n+1} - \sqrt{n}) \cdot (\sqrt{n+1} + \sqrt{n})}{\log n \cdot (\sqrt{n+1} + \sqrt{n})} =$$

$$= \lim_{n \to +\infty} \frac{(\sqrt{n+1})^2 - (\sqrt{n})^2}{\log n \cdot (\sqrt{n+1} + \sqrt{n})} = \lim_{n \to +\infty} \frac{n+1-n}{\log n \cdot (\sqrt{n+1} + \sqrt{n})} = 0$$

Esercizio 3

$$\lim_{n \to +\infty} \left[\frac{n^3}{n^2+1} \cdot \log(1 + \frac{1}{n}) \right] = \lim_{n \to +\infty} (\frac{n^3}{n^2+1} \cdot \frac{1}{n}) = 1$$

Esercizio 6

$$\lim_{n \to +\infty} \left(\frac{n+1}{n+5}\right)^n = \lim_{n \to +\infty} \left(\frac{n(1+\frac{1}{n})}{n(1+\frac{5}{n})}\right)^n =$$

$$= \lim_{n \to +\infty} \frac{(1+\frac{1}{n})^n}{(1+\frac{5}{n})^n} = \frac{e}{e^5} = \frac{1}{e^4}$$

Esercizio 8

$$\lim_{n \to +\infty} \frac{5^n - 3^n}{4^n - 2^n} = \lim_{n \to +\infty} (\frac{5}{4})^n = +\infty$$

Esercizio 10

$$\lim_{n \to +\infty} (1 + \frac{3}{n})^{n^2 \arctan \frac{1}{n}} = \lim_{n \to +\infty} (1 + \frac{3}{n})^{n^2 \frac{1}{n}} =$$

$$= \lim_{n \to +\infty} (1 + \frac{3}{n})^n = e^3$$

Esercizio 11

$$\lim_{n \to +\infty} (e^{\sqrt{n^2-n}} - e^n) = \lim_{n \to +\infty} e^n \cdot (e^{\sqrt{n^2-n}-n} - 1) =$$

$$= \lim_{n \to +\infty} e^n \cdot (e^{\frac{(\sqrt{n^2-n}-n)\cdot(\sqrt{n^2-n}+n)}{\sqrt{n^2-n}+n}} - 1) =$$

$$= \lim_{n \to +\infty} e^n \cdot (e^{\frac{(\sqrt{n^2-n})^2-n^2}{\sqrt{n^2-n}+n}} - 1) =$$

$$= \lim_{n \to +\infty} e^n \cdot (e^{\frac{-n}{n \cdot (\sqrt{1-\frac{1}{n}}+1)}} - 1)$$

$$= \lim_{n \to +\infty} e^n \cdot (e^{-\frac{1}{\sqrt{1-\frac{1}{n}}+1}} - 1) =$$

$$= +\infty \cdot (e^{-\frac{1}{2}} - 1) = +\infty \cdot (\frac{1}{\sqrt{e}} - 1) = -\infty$$

Esercizio 12

Quando nella legge d'associazione della successione vi compare $(-1)^n$ conviene considerare separatamente i due casi: n dispari e n pari.

Seguendo tale consiglio si ha:

$$a_n = \begin{cases} 2 \cdot \frac{1}{(1+\frac{1}{n})^n}, & n \in \mathbb{N}_d \\ 2 \cdot (1 + \frac{1}{n})^n, & n \in \mathbb{N}_p \end{cases}$$

Effettuando poi separatamente l'operazione di limite sulle due sottosuccessioni di dominio rispettivamente $\mathbb{N}_d$ e $\mathbb{N}_p$ si ha:

$$\lim_{n(\in \mathbb{N}_d) \to +\infty} a_n = \lim_{n(\in \mathbb{N}_d) \to +\infty} 2 \cdot \frac{1}{(1+\frac{1}{n})^n} = \frac{2}{e}$$

$$\lim_{n(\in \mathbb{N}_p) \to +\infty} a_n = \lim_{n(\in \mathbb{N}_p) \to +\infty} 2 \cdot (1 + \frac{1}{n})^n = 2 \cdot e$$

Poiché i due limiti sono distinti concludiamo che la successione è indeterminata; $\frac{2}{e}$ e $2e$ sono rispettivamente il minimo ed il massimo limite.

Esercizio 18

$$\lim_{n\to+\infty} \frac{\int_1^{n^3} \frac{1}{x}dx}{n^2} = \lim_{n\to+\infty} \frac{\log n^3 - \log 1}{n^2} = \lim_{n\to+\infty} \frac{3\log n}{n^2} = 0$$

Sull'operazione di limite quando la legge d'associazione della successione contiene un parametro

Individuare il carattere delle seguenti successioni al variare del parametro λ:

1. $\{\frac{\log\sqrt{\lambda^n+1}}{n}\}$, con $\lambda \in [0, +\infty)$
2. $\{\sqrt[n]{1+\lambda^n}\}$, con $\lambda \in [0, +\infty)$
3. $\{\frac{1}{n}\log(\lambda \cdot n + \sqrt{\lambda^2 \cdot n + 1})\}$, con $\lambda \in \mathbb{R}$
4. $\{(1+\frac{n+1}{n^\lambda})^n\}$, con $\lambda \in \mathbb{R}$
5. $\{n\lambda \sin \frac{1}{1+\lambda^2 n^2}\}$, con $\lambda \in \mathbb{R}$
6. $\{\frac{1-e^{\sqrt{\lambda^2+n^2}-n}}{\sqrt{n}}\}$, con $\lambda \in \mathbb{R}$
7. $\{n(\tanh \lambda - 1)\}$, con $\lambda \in (0, +\infty)$
8. $\{ne^{\lambda n^2} - \cos\frac{\lambda+1}{n}\}$, con $\lambda \in \mathbb{R}$
9. $\{(\frac{n-\lambda}{n})^{n^2}\}$, con $\lambda \in \mathbb{R}$

A titolo d'esempio risolviamo gli esercizi dei punti 1., 4., 7. e 9.

Esercizio 1

Ogni valore del parametro λ dà luogo ad una successione differente. Studiare il carattere di una successione al variare del parametro λ significa individuare i valori di λ che danno rispettivamente luogo a successioni convergenti, divergenti a $\pm\infty$ ed indeterminate. Per fare ciò occorre effettuare l'operazione di limite:

$$\lim_{n\to+\infty} a_n = \lim_{n\to+\infty} \frac{\log\sqrt{\lambda^n+1}}{n}.$$

Se è $\lambda = 0 \Rightarrow a_n = 0 \Rightarrow \lim_{n\to+\infty} a_n = \lim_{n\to+\infty} 0 = 0$

se è $\lambda = 1 \Rightarrow a_n = \frac{\log\sqrt{2}}{n} \Rightarrow \lim_{n\to+\infty} a_n = \lim_{n\to+\infty} \frac{\log\sqrt{2}}{n} = 0$

se è $0 < \lambda < 1$ poiché $\lim_{n\to+\infty} \lambda^n = 0 \Rightarrow \lim_{n\to+\infty} a_n = \lim_{n\to+\infty} \frac{\log\sqrt{\lambda^n+1}}{n} = 0$

se è $\lambda > 1$ poiché $\lim_{n\to+\infty} \lambda^n = +\infty \Rightarrow \lim_{n\to+\infty} a_n = \lim_{n\to+\infty} \frac{\log\sqrt{\lambda^n+1}}{n} =$

$= \lim_{n\to+\infty} \frac{1}{2}\frac{\log(\lambda^n+1)}{n} = \frac{1}{2}\lim_{n\to+\infty} \frac{\log\lambda^n}{n} = \frac{1}{2}\lim_{n\to+\infty} \frac{n\log\lambda}{n} = \frac{1}{2}\log\lambda.$

Conclusione:

$$\lim_{n\to+\infty} a_n = \lim_{n\to+\infty} \frac{\log\sqrt{\lambda^n+1}}{n} = \begin{cases} 0, & se \quad \lambda \in [0,1] \\ \frac{1}{2}\cdot\log\lambda, & se \quad \lambda \in (1,+\infty) \end{cases}$$

quindi ogni valore di $\lambda \in [0,+\infty)$ dà luogo ad una successione convergente.

Esercizio 4
Anche qui dobbiamo effettuare l'operazione di limite:

$$\lim_{n\to+\infty} a_n = \lim_{n\to+\infty} (1 + \frac{n+1}{n^\lambda})^n$$

Se è $\lambda = 0 \Rightarrow a_n = (2+n)^n \Rightarrow \lim_{n\to+\infty} a_n = \lim_{n\to+\infty} (2+n)^n = +\infty$

se è $\lambda \in (-\infty, 0)$ poiché $\lim_{n\to+\infty} (1 + \frac{n+1}{n^\lambda}) = +\infty \Rightarrow$

$$\Rightarrow \lim_{n\to+\infty} a_n = \lim_{n\to+\infty} (1 + \frac{n+1}{n^\lambda})^n = +\infty$$

se è $\lambda \in (0,1)$ poiché $\lim_{n\to+\infty} (1 + \frac{n+1}{n^\lambda}) = +\infty \Rightarrow$

$$\Rightarrow \lim_{n\to+\infty} a_n = \lim_{n\to+\infty} (1 + \frac{n+1}{n^\lambda})^n = +\infty$$

se è $\lambda = 1 \Rightarrow a_n = (2 + \frac{1}{n})^n \Rightarrow \lim_{n \to +\infty} a_n = \lim_{n \to +\infty} (2 + \frac{1}{n})^n = +\infty$

se è $\lambda \in (1, +\infty) \Rightarrow \lim_{n \to +\infty} a_n = \lim_{n \to +\infty} (1 + \frac{n+1}{n^\lambda})^n =$

$\lim_{n \to +\infty} e^{n \cdot \log(1 + \frac{n+1}{n^\lambda})} = \lim_{n \to +\infty} e^{n \cdot \frac{n+1}{n^\lambda}} = \lim_{n \to +\infty} e^{\frac{n^2}{n^\lambda}} =$

$$= \begin{cases} +\infty, & se \quad \lambda \in (1, 2) \\ e, & se \quad \lambda = 2 \\ 1, & se \quad \lambda \in (2, +\infty) \end{cases}$$

quindi ogni valore di $\lambda \in (-\infty, 2)$ dà luogo ad una successione divergente a $+\infty$ mentre ogni valore di $\lambda \in [2, +\infty)$ dà luogo ad una successione convergente.

Esercizio 7
Effettuando l'operazione di limite:

$$\lim_{n \to +\infty} a_n = \lim_{n \to +\infty} [n \cdot (\tanh \lambda - 1)]$$

poiché risulta $\tanh \lambda < 1, \forall \lambda \in (0, +\infty) \Rightarrow \tanh \lambda - 1 < 0 \Rightarrow$

$$\Rightarrow \lim_{n \to +\infty} a_n = \lim_{n \to +\infty} [n \cdot (\tanh \lambda - 1)] = -\infty.$$

Conclusione: ogni valore di $\lambda \in (0, +\infty)$ dà luogo ad una successione divergente a $-\infty$.

Esercizio 9
Effettuiamo anche qui l'operazione di limite:

$$\lim_{n \to +\infty} a_n = \lim_{n \to +\infty} (\frac{n - \lambda}{n})^{n^2}$$

se è $\lambda = 0 \Rightarrow a_n = 1 \Rightarrow \lim_{n \to +\infty} a_n = \lim_{n \to +\infty} 1 = 1$

se è $\lambda \neq 0$ poiché $\lim_{n \to +\infty} (\frac{n-\lambda}{n})^n = \lim_{n \to +\infty} (1 + \frac{-\lambda}{n})^n = e^{-\lambda} \Rightarrow$

$\Rightarrow \lim_{n \to +\infty} a_n = \lim_{n \to +\infty} (\frac{n-\lambda}{n})^{n^2} = \lim_{n \to +\infty} [(1 + \frac{-\lambda}{n})^n]^n =$

$$= \begin{cases} 0, & se \quad e^{-\lambda} < 1 \quad cioè \quad \lambda > 0 \\ +\infty, & se \quad e^{-\lambda} > 1 \quad cioè \quad \lambda < 0 \end{cases}$$

Conclusione:

$$\lim_{n\to+\infty} a_n = \lim_{n\to+\infty} \left(\frac{n-\lambda}{n}\right)^{n^2} = \begin{cases} +\infty, & se \quad \lambda \in (-\infty, 0) \\ 1, & se \quad \lambda = 0 \\ 0, & se \quad \lambda \in (0, +\infty) \end{cases}$$

quindi ogni valore di $\lambda \in (-\infty, 0)$ dà luogo ad una successione divergente a $+\infty$; ogni valore di $\lambda \in [0, +\infty)$ dà luogo ad una successione convergente.

Sull'operazione di limite quando la legge d'associazione della successione è data per ricorrenza

Effettuare l'operazione di limite sulle seguenti successioni:

1.
$$\begin{cases} a_1 = \sqrt{6} \\ a_{n+1} = \sqrt{6 + a_n} \end{cases}$$

2.
$$\begin{cases} a_1 = \alpha > 0 \\ a_{n+1} = e^{a_n} \end{cases}$$

3.
$$\begin{cases} a_1 = \alpha > 0 \\ a_{n+1} = \frac{a_n^2 + 5a_n + 6}{2a_n} \end{cases}$$

Risposte agli esercizi del Capitolo 1

Quesiti sulle successioni numeriche

2. No

3. No

4. Si

5. No

6. Si

7. Si

8. Si

9. Si

Sull'ordine di infinitesimo

Risposta 1.1   *1. è 1*

2. è 1

3. è 1

4. è 1

5. è 2

6. è 1

7. è 1

8. è α

Risposta 1.2 *No*

Risposta 1.3 $\alpha = 2$

Risposta 1.4   *1. Vera*

2. *Vera*

3. *Vera*

4. *Vera*

5. *Vera*

6. *Falsa*

7. *Vera*

Risposta 1.5 *Si*

Sull'operazione di limite

1. $l = 0$
4. $l = \frac{\sqrt{2}}{2}$
5. $l = 1$
7. $l = e^{-12}$
9. $l = 0$
13. Indeterminata

14. $l = 0$

15. Indeterminata

16. Indeterminata

17. Indeterminata

Sull'operazione di limite quando la legge d'associazione contiene un parametro

2. $l = 1$ se $\lambda \in [0,1]$; $l = \lambda$ se $\lambda \in (1, +\infty)$

3. $l = 0$, $\forall \lambda \in \mathbb{R}$

5. $l = 0$, $\forall \lambda \in \mathbb{R}$

6. $l = 0$, $\forall \lambda \in \mathbb{R}$

8. $l = +\infty$, $\forall \lambda \in \mathbb{R}$

Sull'operazione di limite quando la legge d'associazione è data per ricorrenza

1. $l = 3$

2. $l = +\infty$

3. $l = 6$

Capitolo 2

Le serie

In questo secondo capitolo vogliamo definire la somma di infiniti termini. Ciò permetterà allo Studente di spiegare il famoso paradosso di Zenone di Elea del "pié veloce Achille che non può raggiungere la tartaruga" studiato nel liceo.

2.1 Definizione di serie numerica

> Data una successione di numeri reali $\{a_k\}$, si chiama *serie numerica* ad essa associata, il simbolo:
> $$\sum_{k=1}^{+\infty} a_k = a_1 + a_2 + a_3 + \cdots \qquad (2.1)$$

Il simbolo (2.1) denota la somma di infiniti termini ed acquista un significato numerico solo dopo aver dato un "procedimento" di come effettuare la somma.

Il "procedimento" che si utilizza consiste nel fare due cose:

a) nel costruire la successione

$s_1 = a_1$

$s_2 = a_1 + a_2$

$$s_3 = a_1 + a_2 + a_3$$

$$\ldots\ldots\ldots$$

$$s_n = a_1 + a_2 + a_3 + \cdots + a_n$$

$$\ldots\ldots\ldots$$

che viene chiamata *successione delle somme parziali* della serie (2.1)

b) nell'effettuare su $\{s_n\}$, cioè sulla successione delle somme parziali, l'operazione di limite:
$$\lim_{n \to +\infty} s_n . \qquad (2.2)$$

Può accadere che:
$$\lim_{n \to \infty} s_n = \begin{cases} S \in \mathbb{R} \\ +\infty \\ -\infty \\ \text{non esiste} \end{cases}$$

Nel primo caso si dice che la serie è *convergente* e S ne è la *somma*.

Nel secondo e nel terzo caso, che la serie è *divergente* rispettivamente a $+\infty$ ed a $-\infty$.

Nel quarto caso, che la serie è *indeterminata*.

Le serie convergenti o divergenti vengono poi chiamate *serie regolari*; in altre parole una serie è regolare se lo è la successione delle sue somme parziali.

L'essere infine una serie convergente, divergente o indeterminata, viene chiamato *carattere della serie* e studiare una serie significa riconoscerne il carattere.

Concludendo possiamo allora dire:

- con il "procedimento" descritto si riesce a dare un significato numerico alla serie (2.1) solo nel caso che la successione $\{s_n\}$ delle sue somme parziali sia convergente.

Prima di illustrare la definizione data con un paio di esempi, poniamoci il *seguente problema*:

§ 2.2 Esempi di serie numeriche

- Data una successione $\{a_n\}$ di numeri reali, è possibile riguardarla come la successione delle somme parziali di una serie? in altre parole: esiste qualche serie $\sum_{k=1}^{+\infty} \alpha_k$ che abbia come successione delle sue somme parziali la successione data $\{a_n\}$?

Andiamo a vedere!

Affinché una serie $\sum_{k=1}^{+\infty} \alpha_k$ abbia $\{a_n\}$ come successione delle sue somme parziali, deve risultare:

$$a_1 = \alpha_1 \Rightarrow \alpha_1 = a_1$$
$$a_2 = \alpha_1 + \alpha_2 \Rightarrow \alpha_2 = a_2 - \alpha_1 = a_2 - a_1$$
$$a_3 = \alpha_1 + \alpha_2 + \alpha_3 \Rightarrow \alpha_3 = a_3 - \alpha_1 - \alpha_2 =$$
$$= a_3 - a_1 - (a_2 - a_1) = a_3 - a_2$$
$$\cdots\cdots \Rightarrow \cdots\cdots\cdots\cdots\cdots$$
$$a_n = \alpha_1 + \alpha_2 + \alpha_3 + \cdots + \alpha_n \Rightarrow \alpha_n = a_n - \alpha_1 - \cdots - \alpha_{n-1} =$$
$$= \cdots = a_n - a_{n-1}$$

Concludendo possiamo allora dire:

- data una qualunque successione di numeri reali $\{a_n\}$, esiste una *sola* serie numerica di cui essa è la successione delle somme parziali ed è questa:

$$a_1 + (a_2 - a_1) + (a_3 - a_2) + \cdots\cdots = a_1 + \sum_{k=1}^{+\infty}(a_{k+1} - a_k).$$

La conclusione a cui siamo arrivati ci permette di sperare che la teoria delle serie numeriche (che esporremo) ci possa essere di aiuto quando si debba studiare il carattere di una data successione $\{a_n\}$.

2.2 Esempi di serie numeriche

Diamo ora due esempi di serie numeriche famose: la *serie di Mengoli* e la *serie geometrica*.

Esempio 2.1 *Serie di Mengoli*

$$\sum_{k=1}^{+\infty} \frac{1}{k \cdot (k+1)}$$

Tale serie è costruita a partire dalla successione:

$$a_k = \frac{1}{k \cdot (k+1)}, \quad k \in \mathbb{N}$$

e per studiarne il carattere applichiamo il "procedimento" illustrato nel paragrafo precedente.

Applichiamo allora il "procedimento"!

a) *costruiamo la successione delle somme parziali:*

$s_1 = a_1 = \frac{1}{1 \cdot (1+1)} = \frac{1}{2}$

$s_2 = a_1 + a_2 = \frac{1}{2} + \frac{1}{2 \cdot (2+1)} = \frac{1}{2} + \frac{1}{6}$

$s_3 = a_1 + a_2 + a_3 = \frac{1}{2} + \frac{1}{6} + \frac{1}{3 \cdot (3+1)} = \frac{1}{2} + \frac{1}{6} + \frac{1}{12}$

....

$s_n = a_1 + a_2 + a_3 + \cdots + a_n = \frac{1}{2} + \frac{1}{6} + \frac{1}{12} + \cdots + \frac{1}{n \cdot (n+1)}$

....

b) *Effettuiamo l'operazione di limite sulla successione $\{s_n\}$ che abbiamo costruito.*

Per poter fare ciò, occorre trovare una "formula" che esprima il termine generale s_n della successione $\{s_n\}$ nella quale non compaiano i puntini di sospensione.

A tal fine, dato che il termine generale a_k della serie è espresso da una frazione il cui denominatore è il prodotto dei due fattori k e $k+1$, vediamo se è possibile esprimere a_k come somma di due frazioni: una di denominatore k e l'altra di denominatore $k+1$.

Ciò sarà possibile se riusciremo a trovare due numeri A e B tali da risultare:

$$a_k = \frac{1}{k \cdot (k+1)} = \frac{A}{k} + \frac{B}{k+1}$$

§ 2.2 Esempi di serie numeriche

Sommando le due frazioni scritte nel membro di destra si ottiene

$$\frac{1}{k \cdot (k+1)} = \frac{(A+B) \cdot k + A}{k \cdot (k+1)}$$

Essendo uguali i denominatori delle due frazioni, l'uguaglianza sussiste se sono uguali anche i numeratori. Ciò avviene se risulta:

$$\begin{cases} A+B = 0 \\ A = 1 \end{cases}$$

Essendo tale sistema verificato per $A = 1$ e $B = -1$, concludiamo che a_k può essere espresso così:

$$a_k = \frac{1}{k} - \frac{1}{k+1}$$

Usando questa nuova rappresentazione di a_k, la successione delle somme parziali diviene:

$s_1 = a_1 = 1 - \frac{1}{2}$
$s_2 = a_1 + a_2 = (1 - \frac{1}{2}) + (\frac{1}{2} - \frac{1}{3})$
$s_3 = a_1 + a_2 + a_3 = (1 - \frac{1}{2}) + (\frac{1}{2} - \frac{1}{3}) + (\frac{1}{3} - \frac{1}{4})$
....
$s_n = a_1 + a_2 + a_3 + \cdots + a_n = (1 - \frac{1}{2}) + (\frac{1}{2} - \frac{1}{3}) + (\frac{1}{3} - \frac{1}{4}) + \cdots + (\frac{1}{n} - \frac{1}{n+1})$
....

La "formula" che cercavamo è stata trovata; essa è:

$$s_n = 1 - \frac{1}{n+1}$$

e quindi possiamo ora effettuare l'operazione di limite:

$$\lim_{n \to +\infty} s_n = \lim_{n \to +\infty} \left(1 - \frac{1}{n+1}\right) = 1$$

e concludere che la serie di Mengoli è convergente ed ha per somma 1.

Le serie per le quali si riesce a scrivere il termine generale a_k come una *differenza*, cioè così:

$$a_k = b_k - b_{k+1}$$

hanno:
$$s_n = b_1 - b_{n+1}$$
e quindi per esse abbiamo una rappresentazione di s_n utile per effettuare l'operazione di limite di cui si parla nel punto b) del "procedimento".

Si ha:
$$\lim_{n \to +\infty} s_n = \lim_{n \to +\infty} (b_1 - b_{n+1})$$

Tali serie si chiamano *serie telescopiche*; la serie di Mengoli è quindi una serie telescopica.

Esempio 2.2 *Serie geometrica*

$$\sum_{k=1}^{+\infty} x^{k-1}, \quad x \in \mathbb{R}. \quad [1]$$

Tale serie è costruita a partire dalla successione:
$$a_k = x^{k-1}, \quad k \in \mathbb{N}.$$

Siccome qui, contrariamente a quanto avviene nella serie di Mengoli, a_k contiene un parametro x, vogliamo vedere quali valori reali di x danno luogo a serie numeriche convergenti, *quali a serie numeriche* divergenti *e quali infine a serie numeriche* indeterminate.

Applichiamo anche qui il "procedimento".

a) *costruiamo la successione delle somme parziali:*

$s_1 = a_1 = 1$

$s_2 = a_1 + a_2 = 1 + x$

$s_3 = a_1 + a_2 + a_3 = 1 + x + x^2$

---

[1] In molti testi tale serie è scritta così:
$$\sum_{k=0}^{+\infty} x^k.$$

§ 2.2 Esempi di serie numeriche

$$s_n = a_1 + a_2 + a_3 + \cdots + a_n = 1 + x + x^2 + \cdots + x^{n-1}$$

b) *Effettuiamo l'operazione di limite sulla successione* $\{s_n\}$ *che abbiamo costruito.*

Per poter fare ciò, occorre trovare una "formula" che esprima il termine generale s_n *della successione* $\{s_n\}$ *nella quale non compaiono i puntini di sospensione.*

In questo caso, osservando che i termini che costituiscono s_n *sono in progressione geometrica, si ha:*

$$s_n = \begin{cases} n & \text{se è } x = 1 \\ \frac{1-x^n}{1-x} & \text{se è } x \neq 1 \end{cases} \quad {}^2$$

Ora che abbiamo trovato la "formula" cercata, effettuando l'operazione di limite, si ha:

se è $x = 1$ allora $\lim_{n \to +\infty} s_n = \lim_{n \to +\infty} n = +\infty$

se è $x \neq 1$ allora

$$\lim_{n \to +\infty} s_n = \lim_{n \to +\infty} \frac{1-x^n}{1-x} = \begin{cases} \frac{1}{1-x}, & x \in (-1, 1) \\ +\infty, & x \in (1, +\infty) \\ \text{non esiste}, & x \in (-\infty, -1]. \end{cases}$$

Concludendo possiamo dire:

- *ogni* $x \in (-1, 1)$ *dà luogo ad una serie* convergente *la cui* somma *è* $\frac{1}{1-x}$.

- *ogni* $x \in [1, +\infty)$ *dà luogo ad una serie divergente a* $+\infty$.

---

[2]Tale "formula" è stata ricordata nella nota [4] del Capitolo 1.

– *ogni $x \in (-\infty, -1]$ dà luogo ad una serie* indeterminata.

Il metodo che abbiamo seguito per trovare la "formula" con cui rappresentare s_n in modo da poter effettuare l'operazione di limite su $\{s_n\}$, può essere utilizzato nello studio del carattere di una serie del tipo $\sum_{k=1}^{+\infty} [f(x)]^{k-1}$.

In sostanza $f(x)$ gioca qui il ruolo che nella serie geometrica gioca x. Per essa possiamo quindi dire che:

– è *convergente* ed ha per *somma* $\frac{1}{1-f(x)}$ se è $f(x) \in (-1, 1)$

– è *divergente* a $+\infty$ se è $f(x) \in [1, +\infty)$

– è *indeterminata* se è $f(x) \in (-\infty, -1]$.

Le serie così fatte, nel seguito, verranno chiamate *serie di tipo geometrico*.

Gli esempi esaminati puntualizzano che la difficoltà che s'incontra nell'applicare il "procedimento" allo studio di una serie sta nel trovare una "formula" per rappresentare s_n cioè il generico elemento di $\{s_n\}$ utile per poter effettuare su di essa l'operazione di limite per $n \to +\infty$.

In generale quindi il "procedimento" descritto nel paragrafo 2.1 non è di utilità pratica.

Stando così le cose, quando dovremo studiare una serie, a meno che non sia telescopica o di tipo geometrico sfrutteremo tutte le informazioni possibili che ci procureremo per altre vie.

Cominciamo intanto con il vedere quali sono le informazioni che discendono direttamente dal "procedimento" pur senza aver effettuato l'operazione di limite.

2.3 Informazioni fornite dal "procedimento"

Dal "procedimento" fissato per dare un significato numerico ad una serie $\sum_{k=1}^{+\infty} a_k$ segue che:

§ 2.3 Informazioni fornite dal "procedimento"

I) Data una serie $\sum_{k=1}^{+\infty} a_k$, se è $a_k > 0$ allora la successione $\{s_n\}$ delle somme parziali è monotòna crescente e quindi è *convergente* o *divergente* a $+\infty$ [3] e pertanto la serie è *convergente* o *divergente* a $+\infty$.

II) Data una serie $\sum_{k=1}^{+\infty} a_k$, se è $a_k \geq 0$ allora la successione $\{s_n\}$ delle somme parziali è monotòna non decrescente e quindi è *convergente* o *divergente* a $+\infty$ e pertanto la serie è *convergente* o *divergente* a $+\infty$.

III) Data una serie $\sum_{k=1}^{+\infty} a_k$, se è $a_k < 0$ allora la successione $\{s_n\}$ delle somme parziali è monotòna decrescente e quindi è *convergente* o *divergente* a $-\infty$ e pertanto la serie è *convergente* o *divergente* a $-\infty$.

IV) Data una serie $\sum_{k=1}^{+\infty} a_k$, se è $a_k \leq 0$ allora la successione $\{s_n\}$ delle somme parziali è monotòna non crescente e quindi è *convergente* o *divergente* a $-\infty$ e pertanto la serie è *convergente* o *divergente* a $-\infty$.

V) Il carattere di una serie non varia se si altera un numero finito di termini.

Dimostrazione
(dell'informazione V)

---

[3]Tale deduzione e quelle che faremo in II), III) e IV) si fondano sul *Teorema 1.7* (Teorema delle successioni monotòne)

Sia $\sum_{k=1}^{+\infty} a_k$ una serie assegnata ed, a partire da essa, costruiamo quest'altra serie $\sum_{k=1}^{+\infty} b_k$ ove è:

$$b_k = \begin{cases} \neq a_k, & \text{se } k \leq \overline{n} \\ = a_k, & \text{se } k > \overline{n}. \end{cases}$$

Essendo il carattere di una serie uguale al carattere della successione delle sue somme parziali, per fare la dimostrazione occorre innanzitutto stabilire che relazione esiste tra le successioni delle somme parziali delle due serie.

Denotiamo allora con $\{s_n\}$ e $\{s'_n\}$ rispettivamente le successioni delle somme parziali di $\sum_{k=1}^{+\infty} a_k$ e $\sum_{k=1}^{+\infty} b_k$ e, se è $n > \overline{n}$, osserviamo che:

essendo:
$$\begin{aligned} s_n &= a_1 + a_2 + \cdots + a_{\overline{n}} + a_{\overline{n}+1} + a_{\overline{n}+2} + \cdots + a_n = \\ &= s_{\overline{n}} + a_{\overline{n}+1} + a_{\overline{n}+2} + \cdots + a_n \end{aligned}$$

e
$$\begin{aligned} s'_n &= b_1 + b_2 + \cdots + b_{\overline{n}} + a_{\overline{n}+1} + a_{\overline{n}+2} + \cdots + a_n = \\ &= s'_{\overline{n}} + a_{\overline{n}+1} + a_{\overline{n}+2} + \cdots + a_n \end{aligned}$$

si ha:
$$s_n - s_{\overline{n}} = a_{\overline{n}+1} + a_{\overline{n}+2} + \cdots + a_n$$

e
$$s'_n - s'_{\overline{n}} = a_{\overline{n}+1} + a_{\overline{n}+2} + \cdots + a_n$$

da cui
$$s'_n = s_n + (s'_{\overline{n}} - s_{\overline{n}}) \tag{2.3}$$

ove $s'_{\overline{n}} - s_{\overline{n}}$ è un *numero*. La relazione (2.3) ci consente di concludere:

§ 2.3 Informazioni fornite dal "procedimento"

- se $\lim_{n\to+\infty} s_n = S$, cioè se la serie data è convergente, la serie costruita è anche essa convergente e la sua somma è:

$$S' = \lim_{n\to+\infty} s'_n = S + (s'_{\overline{n}} - s_{\overline{n}}) \ . \qquad (2.4)$$

- se $\lim_{n\to+\infty} s_n = \pm\infty$, cioè se la serie data è *divergente*, la serie costruita è anche essa *divergente*.

- se $\not\exists \lim_{n\to+\infty} s_n$, cioè se la serie data è *indeterminata*, la serie costruita è anche essa *indeterminata*.

c.v.d.

In particolare, se a partire da una serie assegnata $\sum_{k=1}^{+\infty} a_k$ ne costruiamo un'altra $\sum_{k=1}^{+\infty} b_k$ ponendo:

$$b_k = \begin{cases} 0 & \text{se è } k \leq \overline{n} \\ a_k & \text{se è } k > \overline{n} \end{cases}$$

quest'ultima si denota con $\sum_{k=\overline{n}+1}^{+\infty} a_k$ e si chiama *serie resto* di ordine $\overline{n}$ della serie data.

Da quanto detto segue:

a) ogni serie $\sum_{k=1}^{+\infty} a_k$ ammette infinite serie resto: $\sum_{k=2}^{+\infty} a_k, \sum_{k=3}^{+\infty} a_k, \cdots$ ecc.

b) tutte le serie resto di una medesima serie, hanno lo *stesso carattere* della serie a partire dalla quale sono state costruite.

Per conoscere quindi il carattere di una serie assegnata, basta conoscere il carattere di una qualsiasi delle sue serie resto.

c) se una serie $\sum_{k=1}^{+\infty} a_k$ è *convergente*, tutte le sue serie resto lo sono pure, però le loro somme sono diverse.

Detta infatti S la *somma* della serie, dalla (2.4) segue che

$$\sum_{k=\overline{n}+1}^{+\infty} a_k = S - s_{\overline{n}}.$$

Il numero $R_{\overline{n}} = S - s_{\overline{n}}$ si chiama *resto $\overline{n}$-esimo* della serie e rappresenta *l'errore* che si commette quando si sostituisce la somma S di una serie (convergente) con la sua somma parziale $s_{\overline{n}}$.

Dalla definizione di resto, segue poi che

$$\lim_{\overline{n}\to+\infty} R_{\overline{n}} = \lim_{\overline{n}\to+\infty}(S - s_{\overline{n}}) = 0$$

La conseguenza b) è importante da un punto di vista pratico.

Se dobbiamo infatti studiare il carattere di una serie ed i suoi termini da un certo $\overline{n}$ in poi hanno lo stesso segno, essendo la serie resto d'ordine $\overline{n}$ *convergente* o *divergente*, la serie in istudio è anche essa *convergente* o *divergente*.

Concludendo possiamo dire:

– l'informazione fornita dalla conoscenza del segno dei termini di una serie non ci permette da sola di concludere quale è il suo carattere ma solo di scartare due delle quattro possibilità che si hanno per esso; resta infatti sempre da decidere tra la *convergenza* e la *divergenza* a $\pm\infty$.

Il "procedimento" suddetto ci permette anche di trovare le relazioni tra i caratteri delle serie:

$$\sum_{k=1}^{+\infty} a_k \quad \text{e} \quad \sum_{k=1}^{+\infty}(c \cdot a_k), \quad \forall c \neq 0$$

$$\sum_{k=1}^{+\infty} a_k, \quad \sum_{k=1}^{+\infty} b_k \quad \text{e} \quad \sum_{k=1}^{+\infty}(a_k + b_k).$$

Data la lunghezza dell'argomento, apriamo un nuovo paragrafo.

2.4 Caratteri delle serie $\sum_{k=1}^{+\infty}(c \cdot a_k)$ e $\sum_{k=1}^{+\infty}(a_k + b_k)$

Procediamo in ordine!

- Data una serie $\sum_{k=1}^{+\infty} a_k$ e costruita a partire da essa la serie $\sum_{k=1}^{+\infty}(c \cdot a_k)$ ove $c \in \mathbb{R} - \{0\}$, vogliamo vedere che relazione esiste tra i caratteri della serie data e di quella costruita.

Poiché il carattere di una serie è lo stesso della successione delle sue somme parziali, dette rispettivamente $\{s_n\}$ e $\{s'_n\}$ le successioni delle somme parziali delle due serie in istudio, vediamo che relazione esiste tra i caratteri di quest'ultime!

Osserviamo che $\forall n \in \mathbb{N}$ si ha:

$$s'_n = (c \cdot a_1) + (c \cdot a_2) + \cdots + (c \cdot a_n) = c \cdot (a_1 + a_2 + \cdots + a_n) = c \cdot s_n.$$

La relazione ottenuta ci permette di concludere:

- le due serie hanno lo stesso carattere; in particolare se $\sum_{k=1}^{+\infty} a_k$ è convergente, detta S la sua somma, la serie $\sum_{k=1}^{+\infty}(c \cdot a_k)$ lo è pure e la sua somma è $S' = c \cdot S$.

- Date due serie $\sum_{k=1}^{+\infty} a_k$, $\sum_{k=1}^{+\infty} b_k$ e costruita la serie $\sum_{k=1}^{+\infty}(a_k + b_k)$ che viene chiamata *serie somma* delle due serie assegnate, vogliamo anche qui vedere che relazione esiste tra i caratteri delle serie date e quello della serie somma.

Denotando rispettivamente con $\{s'_n\}$, $\{s''_n\}$ e $\{s_n\}$ le successioni delle somme parziali delle tre serie in istudio e ragionando come nel caso precedente, si ha:

$$\begin{aligned} s_n &= (a_1 + b_1) + (a_2 + b_2) + \cdots + (a_n + b_n) = \\ &= a_1 + b_1 + a_2 + b_2 + \cdots + a_n + b_n = \\ &= a_1 + a_2 + \cdots + a_n + b_1 + b_2 + \cdots + b_n = \\ &= (a_1 + a_2 + \cdots + a_n) + (b_1 + b_2 + \cdots + b_n) = \\ &= s'_n + s''_n \end{aligned}$$

La relazione ottenuta ci permette di concludere:

- Se $\sum_{k=1}^{+\infty} a_k$ e $\sum_{k=1}^{+\infty} b_k$ sono entrambe convergenti anche $\sum_{k=1}^{+\infty} (a_k + b_k)$ è convergente e la sua somma è la somma delle somme.

- Se $\sum_{k=1}^{+\infty} a_k$ e $\sum_{k=1}^{+\infty} b_k$ sono entrambe divergenti a $+\infty$ anche $\sum_{k=1}^{+\infty} (a_k + b_k)$ è divergente a $+\infty$.

- Se $\sum_{k=1}^{+\infty} a_k$ e $\sum_{k=1}^{+\infty} b_k$ sono entrambe divergenti a $-\infty$ anche $\sum_{k=1}^{+\infty} (a_k + b_k)$ è divergente a $-\infty$.

- Se delle due serie $\sum_{k=1}^{+\infty} a_k$ e $\sum_{k=1}^{+\infty} b_k$ una è convergente e l'altra divergente a $\pm\infty$, la serie $\sum_{k=1}^{+\infty} (a_k + b_k)$ è divergente a $\pm\infty$.

- Se delle due serie $\sum_{k=1}^{+\infty} a_k$ e $\sum_{k=1}^{+\infty} b_k$ una è divergente a $+\infty$ e l'altra a $-\infty$, dal loro carattere nulla si può dedurre circa il carattere della serie $\sum_{k=1}^{+\infty} (a_k + b_k)$; in questo caso occorre studiare direttamente la serie somma.

Diamo un esempio dell'utilità di quanto abbiamo detto.

Esempio 2.3 *Supponiamo di dover studiare il carattere della serie* $\sum_{k=1}^{+\infty} \frac{2^k + 3^k}{6^k}$.

Poiché

$$\sum_{k=1}^{+\infty} \frac{2^k + 3^k}{6^k} = \sum_{k=1}^{+\infty} \left(\frac{2^k}{6^k} + \frac{3^k}{6^k}\right) = \sum_{k=1}^{+\infty} \left(\left(\frac{1}{3}\right)^k + \left(\frac{1}{2}\right)^k\right)$$

la serie data è la serie somma delle due serie $\sum_{k=1}^{+\infty} \left(\frac{1}{3}\right)^k$ *e* $\sum_{k=1}^{+\infty} \left(\frac{1}{2}\right)^k$.

Quest'ultime sono entrambe convergenti in quanto serie resto di ordine uno di serie geometriche convergenti e quindi la serie data è convergente.

La sua somma è:

$$S = \left(\frac{1}{1-\frac{1}{3}} - 1\right) + \left(\frac{1}{1-\frac{1}{2}} - 1\right) = \left(\frac{3}{2} - 1\right) + (2-1) = \frac{3}{2}.$$

Poiché le serie più importanti sono quelle convergenti, essendo le uniche ad avere un significato numerico, ci proponiamo di costruire un criterio che ci permetta di decidere se una data serie è convergente oppure no.

2.5 Criterio di convergenza di Cauchy per le serie

Poiché una serie $\sum_{k=1}^{+\infty} a_k$ è convergente se lo è la successione $\{s_n\}$ delle sue somme parziali, un criterio di convergenza per le serie lo abbiamo già: è il *criterio di convergenza di Cauchy per le successioni (Teorema 1.6)* applicato alla successione delle somme parziali della serie in istudio. Possiamo allora dire:

- Data una serie $\sum_{k=1}^{+\infty} a_k$ e detta $\{s_n\}$ la successione delle sue somme parziali, condizione *necessaria* e *sufficiente* affinché essa sia *convergente* è che:

$$\forall \varepsilon > 0 \quad \exists n_\varepsilon \in \mathbb{N} \quad : \quad \forall m, n > n_\varepsilon \Rightarrow |s_m - s_n| < \varepsilon. \qquad (2.5)$$

Tale criterio è espresso *in termini di successione delle somme parziali*; per renderlo più espressivo, esprimiamolo *in termini di serie*.

Per fare ciò occorre una piccola modifica della notazione ed è questa:

- quando gli indici m e n che compaiono nella (2.5) sono distinti, denotando con m il maggiore dei due e con p il numero (naturale) $m-n$, possiamo scrivere $m = n+p$ e con questo cambio di notazione la (2.5) diviene:

$$\forall \varepsilon > 0 \quad \exists n_\varepsilon \in \mathbb{N} : \forall n > n_\varepsilon \quad e \quad \forall p \in \mathbb{N} \Rightarrow |s_{n+p} - s_n| < \varepsilon ; \tag{2.6}$$

ricordando poi il significato di s_{n+p} e di s_n, possiamo infine scrivere:

$$\forall \varepsilon > 0 \qquad \exists n_\varepsilon \in \mathbb{N} \quad : \quad \forall n > n_\varepsilon \quad e \quad \forall p \in \mathbb{N} \Rightarrow$$
$$\Rightarrow |a_{n+1} + a_{n+2} + \cdots + a_{n+p}| < \varepsilon . \tag{2.7}$$

La (2.7) esprime il famoso criterio di convergenza di Cauchy per le serie che enunciamo così:

Teorema 2.1 - *Criterio di convergenza di Cauchy*

Data una serie $\sum_{k=1}^{+\infty} a_k$, *condizione necessaria e sufficiente affinché essa sia convergente è che sia verificata la (2.7).*

Il *significato* di tale criterio è questo:

- Condizione necessaria e sufficiente affinché una serie $\sum_{k=1}^{+\infty} a_k$ sia convergente è che comunque si fissi un numero $\varepsilon > 0$ la somma di quanti termini *vogliamo* ($\forall p \in \mathbb{N}$) a partire dal termine a_{n+1} che *vogliamo* (a patto che sia $n > n_\varepsilon$) sia in valore assoluto minore di ε.

Le *conseguenze* (di tale criterio) sono:

1. Se una serie $\sum_{k=1}^{+\infty} a_k$ è *convergente*, il criterio di Cauchy è *necessariamente* verificato $\forall p \in \mathbb{N}$ e quindi in particolare per $p = 1$.

§ 2.5 *Criterio di convergenza di Cauchy per le serie*

Per $p = 1$ la (2.7) diviene:

$$\forall \varepsilon > 0 \ \exists n_\varepsilon \in \mathbb{N} \ : \ \forall n > n_\varepsilon \Rightarrow |a_{n+1}| < \varepsilon . \qquad (2.8)$$

La (2.8) significa che:

$$\lim_{n \to +\infty} a_{n+1} = 0$$

oppure, il che è lo stesso, che

$$\lim_{k \to +\infty} a_k = 0 \qquad (2.9)$$

Concludendo possiamo allora dire:

- se una serie $\sum_{k=1}^{+\infty} a_k$ è *convergente*, la successione $\{a_k\}$ dei suoi termini è *infinitesima*.

2. Data una serie $\sum_{k=1}^{+\infty} a_k$, se è $\lim_{k \to +\infty} a_k = 0$ *non è certo* che la serie sia convergente; il fatto che il limite sopra detto valga zero, dice solo che il criterio di Cauchy è verificato per $p = 1$ però non sappiamo se è verificato oppure no per gli altri valori di $p \in \mathbb{N}$. Concludendo possiamo allora dire:

    - *condizione necessaria* (ma non sufficiente) affinché una serie sia convergente è che sia verificata la (2.9) cioè che la successione dei suoi termini sia *infinitesima*.

3. Data una serie $\sum_{k=1}^{+\infty} a_k$, se è $\lim_{k \to +\infty} a_k \neq 0$, *certamente* la serie non è convergente perché il criterio di Cauchy non è verificato per $p = 1$ mentre, essendo esso una condizione necessaria (oltre che sufficiente) di convergenza, deve essere verificato per ogni valore di $p \in \mathbb{N}$.

4. Data una serie $\sum_{k=1}^{+\infty} a_k$, per dimostrare che *non è convergente*, basta dimostrare che esiste qualche valore di $p \in \mathbb{N}$ per cui il criterio di Cauchy non è verificato.

Sperimentiamo su un paio d'esempi l'utilità pratica di quanto abbiamo detto.

Esempio 2.4 Data la serie $\sum_{k=1}^{+\infty} \left(1 + \frac{1}{k}\right)^k$, vogliamo studiarne il carattere.
È

$$a_k = \left(1 + \frac{1}{k}\right)^k > 0 \Rightarrow \{s_n\} \quad \begin{array}{c} monot\acute{o}na \\ crescente \end{array} \Rightarrow \begin{cases} o \text{ la serie converge} \\ \\ o \text{ la serie diverge a } +\infty \end{cases}$$

Poiché $\lim_{k \to +\infty} a_k = \lim_{k \to +\infty} \left(1 + \frac{1}{k}\right)^k = e \Rightarrow$ la serie non è convergente, quindi è divergente a $+\infty$.

Esempio 2.5 Data la serie $\sum_{k=1}^{+\infty} \frac{1}{k}$ (serie armonica) vogliamo studiarne il carattere.

Anche in questo caso è:

$$a_k = \frac{1}{k} > 0 \Rightarrow \{s_n\} \quad \begin{array}{c} monot\acute{o}na \\ crescente \end{array} \Rightarrow \begin{cases} o \text{ la serie converge} \\ \\ o \text{ la serie diverge a } +\infty \end{cases}$$

Poiché $\lim_{k \to +\infty} a_k = \lim_{k \to +\infty} \frac{1}{k} = 0 \Rightarrow$ non abbiamo informazioni.
Osservando che:

$$\frac{1}{n+1} + \frac{1}{n+2} + \frac{1}{n+3} + \cdots + \frac{1}{n+n} > n \cdot \frac{1}{n+n} = \frac{1}{2}$$

segue che il criterio di Cauchy non è verificato per $\varepsilon < \frac{1}{2}$ e $p = n$ (qualunque sia $n > n_\varepsilon$); la serie armonica è quindi divergente a $+\infty$.

L'esempio della serie armonica ci lascia la convinzione che il criterio di Cauchy non è "maneggevole"; si pone allora la necessità di costruire nuovi criteri di convergenza.

Cominciamo intanto con una definizione!

2.6 Definizione di convergenza assoluta di una serie

Data una serie $\sum_{k=1}^{+\infty} a_k$, costruiamo a partire da essa quest'altra serie

$$\sum_{k=1}^{+\infty} |a_k| \qquad (2.10)$$

Se è $a_k \geq 0$ la serie (2.10) coincide, per la definizione di valore assoluto di un numero, con la serie assegnata; in generale però le due serie sono differenti.

La serie (2.10), essendo a termini ≥ 0, può essere convergente o divergente a $+\infty$.

Il seguente teorema stabilisce la relazione che esiste tra il carattere della serie assegnata e quello della serie (2.10).

Teorema 2.2 *Data una serie $\sum_{k=1}^{+\infty} a_k$ e costruita la serie $\sum_{k=1}^{+\infty} |a_k|$, se quest'ultima è convergente, anche la serie data lo è.*

Dimostrazione
Se è $a_k \geq 0$, il teorema è dimostrato in quanto le due serie coincidono. Se non è $a_k \geq 0$ allora, essendo per ipotesi la serie (2.10) convergente, essa verifica il criterio di convergenza di Cauchy, cioè:

$$\forall \varepsilon > 0 \quad \exists\, n_\varepsilon \in \mathbb{N} \; : \; \forall n > n_\varepsilon \; e \; \forall p \in \mathbb{N}$$
$$\Rightarrow \; |a_{n+1}| + |a_{n+2}| + \cdots + |a_{n+p}| < \varepsilon \qquad (2.11)$$

Poiché per una proprietà del valore assoluto si ha:

$$|a_{n+1} + a_{n+2} + \cdots + a_{n+p}| \leq |a_{n+1}| + |a_{n+2}| + \cdots + |a_{n+p}|,$$

se il secondo membro della disuguaglianza scritta è minore di ε, lo è anche il primo membro e quindi dalla (2.11) segue che:

$$\forall \varepsilon > 0 \quad \exists\, n_\varepsilon \in \mathbb{N} \; : \; \forall n > n_\varepsilon \; e \; \forall p \in \mathbb{N}$$
$$\Rightarrow \; |a_{n+1} + a_{n+2} + \cdots + a_{n+p}| < \varepsilon \qquad (2.12)$$

La (2.12) dice che la serie data verifica il criterio di convergenza di Cauchy e poiché quest'ultimo costituisce una condizione sufficiente (oltre che necessaria) di convergenza, concludiamo che essa è convergente.

c.v.d.

Il criterio di convergenza di Cauchy in questa dimostrazione viene utilizzato due volte:

- una prima volta applicato alla serie $\sum_{k=1}^{+\infty} |a_k|$, come *condizione necessaria*;

- una seconda volta applicato alla serie $\sum_{k=1}^{+\infty} a_k$, come *condizione sufficiente*.

Se la serie $\sum_{k=1}^{+\infty} |a_k|$ converge, si dice che la serie $\sum_{k=1}^{+\infty} a_k$ converge *assolutamente*. Riassumendo possiamo dire:

1. la *convergenza assoluta* di una serie coincide con la *convergenza* della stessa se i suoi termini sono ≥ 0.

2. la *convergenza assoluta* di una serie implica la *convergenza* della stessa, quindi la convergenza assoluta è una *condizione sufficiente* (ma non necessaria) di convergenza.

3. la *convergenza* di una serie non implica la *convergenza assoluta* della stessa, quindi la convergenza è una *condizione necessaria* (ma non sufficiente) di convergenza assoluta.

Mettiamoci ora a ricercare *criteri sufficienti* di convergenza assoluta che, per quanto abbiamo detto in 2., sono anche *criteri sufficienti* di convergenza.

2.7 Criteri di convergenza assoluta di una serie

Esponiamo ora alcuni classici criteri di convergenza assoluta, cominciando dal *criterio del confronto* (di Gauss) che enunciamo diviso in due parti.

Teorema 2.3 - *Criterio del confronto - Parte I*

Data una serie $\sum_{k=1}^{+\infty} a_k$, se esiste una serie $\sum_{k=1}^{+\infty} p_k$ che verifica le seguenti ipotesi:

α) *è a termini positivi*

β) *è convergente*

γ) $\forall k \in \mathbb{N}$ *risulta* $|a_k| \leq c \cdot p_k \quad con\ c \in \mathbb{R}^+$

allora

la serie data è assolutamente convergente e quindi è convergente.

Dimostrazione

Dette rispettivamente $\{s_n\}$ e $\{t_n\}$ le successioni delle somme parziali di $\sum_{k=1}^{+\infty} |a_k|$ e di $\sum_{k=1}^{+\infty} p_k$, per l'ipotesi γ) si ha:

$$s_n = |a_1| + |a_2| + \cdots + |a_n| \leq c \cdot p_1 + c \cdot p_2 + \cdots + c \cdot p_n =$$
$$= c \cdot (p_1 + p_2 + \cdots + p_n) = c \cdot t_n$$

cioè
$$s_n \leq c \cdot t_n \qquad (2.13)$$

Poiché la successione $\{s_n\}$ è monotòna non decrescente (o addirittura crescente), essa ha per limite il sup del suo codominio che può essere un *numero* o $+\infty$.

Dalla (2.13) risulta:

$$\lim_{n \to +\infty} s_n \leq c \cdot \lim_{n \to +\infty} t_n \qquad (2.14)$$

ed essendo per l'ipotesi β) la serie $\sum_{k=1}^{+\infty} p_k$ convergente, detta T la sua somma, dalla (2.14) segue che

$$\lim_{n \to +\infty} s_n \leq c \cdot T$$

quindi $\{s_n\}$ è convergente e pertanto la serie data è assolutamente convergente.

c.v.d.

Teorema 2.3 - *Criterio del confronto - Parte II*

Data una serie $\sum_{k=1}^{+\infty} a_k$, se esiste una serie $\sum_{k=1}^{+\infty} p_k$ che verifica le seguenti ipotesi:

α') *è a termini positivi*

β') *è divergente a $+\infty$*

γ') $\forall k \in \mathbb{N}$ *risulta* $c \cdot p_k \leq |a_k|$ *con* $c \in \mathbb{R}^+$

allora

   la serie data non *è assolutamente convergente (non è però detto che* non sia *convergente)*.

Dimostrazione

Dette anche qui rispettivamente $\{s_n\}$ e $\{t_n\}$ le successioni delle somme parziali di $\sum_{k=1}^{+\infty} |a_k|$ e di $\sum_{k=1}^{+\infty} p_k$, per l'ipotesi γ') si ha:

$$\begin{aligned} s_n &= |a_1| + |a_2| + \cdots + |a_n| \geq c \cdot p_1 + c \cdot p_2 + \cdots + c \cdot p_n = \\ &= c \cdot (p_1 + p_2 + \cdots + p_n) = c \cdot t_n \end{aligned}$$

cioè

$$c \cdot t_n \leq s_n \qquad (2.15)$$

Poiché la successione $\{s_n\}$ è monotòna non decrescente (o addirittura crescente), essa ha per limite il sup del suo codominio che può essere un *numero* o $+\infty$.

Dalla (2.15) risulta:

$$\lim_{n\to+\infty} (c \cdot t_n) = c \cdot \lim_{n\to+\infty} t_n \leq \lim_{n\to+\infty} s_n \qquad (2.16)$$

ed essendo per l'ipotesi β') la serie $\sum_{k=1}^{+\infty} p_k$ divergente a $+\infty$ si ha che $\lim_{n\to+\infty} t_n = +\infty$ e pertanto da (2.16) segue che $\lim_{n\to+\infty} s_n = +\infty$ quindi la serie $\sum_{k=1}^{+\infty} |a_k|$ diverge a $+\infty$ e la serie $\sum_{k=1}^{+\infty} a_k$ non è assolutamente convergente però può essere convergente.

c.v.d.

2.8 Commenti al criterio del confronto e suo uso

I) Il criterio del confronto sussiste pure se le ipotesi γ) e γ') sono verificate $\forall\, k > k_0 \in \mathbb{N}$. Basta infatti in tale caso riferirsi alla serie resto di ordine k_0.

II) Il criterio del confronto, per quanto utile, ha lo svantaggio che per decidere quale è il carattere di una serie assegnata $\sum_{k=1}^{+\infty} a_k$ occorre trovare una seconda serie, della quale sia noto il carattere, i cui termini siano maggioranti o minoranti i termini $|a_k|$.

Per poter fare ciò sarà pertanto conveniente predisporre di un "archivio" di serie a termini positivi dal carattere conosciuto.

Finora nel nostro "archivio" vi sono solo tre serie:

1. la serie di Mengoli: $\sum_{k=1}^{+\infty} \frac{1}{k\cdot(k+1)}$

2. la serie geometrica: $\sum_{k=1}^{+\infty} x^{k-1}$

3. la serie armonica: $\sum_{k=1}^{+\infty} \frac{1}{k}$

Proseguendo nella nostra esposizione, lo arricchiremo!

Diamo ora due esempi in cui il criterio del confronto ci fa scoprire il carattere di una serie.

Esempio 2.6 *Vogliamo studiare il carattere della serie $\sum_{k=1}^{+\infty} \frac{1}{k!}$.*

Il suo termine generale è $a_k = \frac{1}{k!}$ e siccome è > 0 risulta:

$$|a_k| = a_k = \frac{1}{k!}.$$

Tenendo presente la definizione di $k!$ si ha:

$$k! = \underbrace{k \cdot (k-1) \cdot (k-2) \cdots 3 \cdot 2}_{\text{sono } k-1 \text{ fattori}} \cdot 1 > 2^{k-1}.$$

da cui segue:

$$a_k = \frac{1}{k!} < \frac{1}{2^{k-1}} = \left(\frac{1}{2}\right)^{k-1}.$$

Poiché la serie i cui termini sono $p_k = \left(\frac{1}{2}\right)^{k-1}$ è la serie geometrica di ragione $x = \frac{1}{2}$ la quale è convergente, dal criterio del confronto - Parte I (teorema 2.3) segue che la serie data è convergente.

Esempio 2.7 *Vogliamo studiare il carattere della serie $\sum_{k=2}^{+\infty} \frac{1}{\log k}$.*

Il suo termine generale è $a_k = \frac{1}{\log k}$ e siccome è > 0 risulta:

$$|a_k| = a_k = \frac{1}{\log k}.$$

Tenendo presente che è $\log k < k$ si ha: $\frac{1}{k} < \frac{1}{\log k}$.

Poiché la serie i cui termini sono $p_k = \frac{1}{k}$ è la serie armonica la quale è divergente a $+\infty$, dal criterio del confronto - Parte II (teorema 2.3) segue che la serie data è divergente a $+\infty$.

Riprendiamo ora la nostra esposizione dando altri due criteri che, pur essendo conseguenza di quello del *confronto* (*teoremi 2.3*), richiedono l'esame della sola serie data.

Essi sono il *criterio del rapporto* ed il *criterio della radice* che, al pari di quello del confronto, enunceremo in due parti.

2.9 Criterio del rapporto

Teorema 2.4 - *Criterio del rapporto - Parte I*

Data una serie $\sum_{k=1}^{+\infty} a_k$ se:

α) è $a_k \neq 0$, $\forall k \in \mathbb{N}$

β) esiste un numero $\alpha \in (0,1)$ tale che $\frac{|a_{k+1}|}{|a_k|} \leq \alpha$, $\forall k \in \mathbb{N}$

allora
la serie converge assolutamente.

Dimostrazione

Dall'ipotesi β) che può anche essere scritta così:

$$|a_{k+1}| \leq \alpha \cdot |a_k|$$

segue che:

$$\begin{aligned}
|a_2| &\leq \alpha \cdot |a_1| \\
|a_3| &\leq \alpha \cdot |a_2| \leq \alpha^2 \cdot |a_1| \\
|a_4| &\leq \alpha \cdot |a_3| \leq \alpha^3 \cdot |a_1| \\
&\cdots \cdots \cdots \cdots \cdots \cdots \cdots \\
|a_k| &\leq \alpha^{k-1} \cdot |a_1|
\end{aligned}$$

Poiché la serie i cui termini sono $p_k = \alpha^{k-1}$ è la serie geometrica di ragione $x = \alpha$ ed è convergente, dal *criterio del confronto - Parte I* (teorema 2.3) segue che la serie data è *assolutamente convergente*.

c.v.d.

Teorema 2.4 - *Criterio del rapporto - Parte II*

Data una serie $\sum_{k=1}^{+\infty} a_k$ se:

α') è $a_k \neq 0$, $\forall k \in \mathbb{N}$

β') risulta $\frac{|a_{k+1}|}{|a_k|} \geq 1$, $\forall k \in \mathbb{N}$

allora
la serie non converge.

Dimostrazione

Dall'ipotesi β') che può anche essere scritta così:

$$|a_{k+1}| \geq |a_k|$$

segue che la successione $\{|a_k|\}$, essendo monotòna non decrescente, ha

$$\lim_{k \to +\infty} |a_k| \neq 0 \qquad (2.17)$$

Poiché dalla (2.17) segue che è anche

$$\lim_{k \to +\infty} a_k \neq 0$$

concludiamo che la serie data *non è convergente*.
c.v.d.

Al pari del criterio del confronto, questo criterio sussiste anche se le ipotesi α), β) e α'), β') sono verificate $\forall k > k_0 \in \mathbb{N}$; anche qui infatti basta riferirsi alla serie resto di ordine k_0.

Osserviamo anche che le ipotesi α) e α') servono per poter formulare le ipotesi β) e β') rispettivamente.

Tale criterio ha un *corollario* molto utile nelle applicazioni.

Enunciamolo diviso in due parti!

Corollario 2.4.1 - *Parte I*
Data una serie $\sum_{k=1}^{+\infty} a_k$ se:

α) è $a_k \neq 0$, $\forall k \in \mathbb{N}$

β) $\lim_{k \to +\infty} \frac{|a_{k+1}|}{|a_k|} = l < 1$

§ 2.9 Criterio del rapporto

allora
  la serie converge assolutamente.

Dimostrazione
L'ipotesi β) significa che:

$$\forall \varepsilon > 0 \quad \exists k_\varepsilon \quad : \quad \forall k > k_\varepsilon \Rightarrow l - \varepsilon < \frac{|a_{k+1}|}{|a_k|} < l + \varepsilon . \quad (2.18)$$

Poiché è $l < 1$, sempre per l'ipotesi β), se fissiamo ε in modo tale da risultare $l + \varepsilon < 1$, dalla disuguaglianza di destra della (2.18), cioè dalla

$$\frac{|a_{k+1}|}{|a_k|} < l + \varepsilon$$

segue, per il *criterio del rapporto - Parte I* (teorema 2.4), che la serie *converge assolutamente*. **c.v.d.**

Corollario 2.4.1 - *Parte II*
  Data una serie $\sum\limits_{k=1}^{+\infty} a_k$ *se:*

α') è $a_k \neq 0, \quad \forall k \in \mathbb{N}$

β') $\lim\limits_{k \to +\infty} \frac{|a_{k+1}|}{|a_k|} = l > 1$

allora
  la serie non converge.

Dimostrazione

L'ipotesi β') significa che:

$$\forall \varepsilon > 0 \quad \exists k_\varepsilon \quad : \quad \forall k > k_\varepsilon \Rightarrow l - \varepsilon < \frac{|a_{k+1}|}{|a_k|} < l + \varepsilon . \quad (2.19)$$

poiché è $l > 1$, sempre per l'ipotesi β'), se fissiamo ε in modo tale da risultare $l - \varepsilon > 1$, dalla disuguaglianza di sinistra della (2.19), cioè dalla

$$\frac{|a_{k+1}|}{|a_k|} > l - \varepsilon,$$

segue per il *criterio del rapporto - Parte II* (teorema 2.4), che la serie *non converge*.

c.v.d.

Se è $\lim_{k \to +\infty} \frac{|a_{k+1}|}{|a_k|} = 1$, il *corollario* non dà informazioni circa l'assoluta convergenza o la non convergenza della serie e pertanto per scoprirne il carattere occorre seguire qualche altra via.

Diamo ora il *criterio della radice* che, al pari di quello del confronto e del rapporto, enunciamo in due parti.

2.10 Criterio della radice

Teorema 2.5 - *Criterio della radice - Parte I*

Data una serie $\sum_{k=1}^{+\infty} a_k$, *se esiste un numero* $\alpha \in (0,1)$ *tale che*

$$\sqrt[k]{|a_k|} \leq \alpha < 1 \quad , \quad \forall k \in \mathbb{N} \tag{2.20}$$

allora
la serie converge assolutamente.

Dimostrazione

Elevando a k entrambi i membri della disuguaglianza che compare nella (2.20) si ha:

$$\forall k \in \mathbb{N} \Rightarrow |a_k| \leq \alpha^k$$

e poiché la serie i cui termini sono $p_k = \alpha^k$ è la serie resto di ordine uno della serie geometrica di ragione $x = \alpha$, essendo quest'ultima convergente, dal *criterio del confronto - Parte I* (teorema 2.3) segue che la serie data è *assolutamente convergente*.

c.v.d.

§ 2.10 Criterio della radice

Teorema 2.5 - *Criterio della radice - Parte II*

Data una serie $\sum_{k=1}^{+\infty} a_k$, se

$$\sqrt[k]{|a_k|} \geq 1 \quad , \quad \forall k \in \mathbb{N} \qquad (2.21)$$

allora
la *serie* non converge.

Dimostrazione

Elevando a k entrambi i membri della disuguaglianza che compare nella (2.21) si ha:

$$\forall k \in \mathbb{N} \Rightarrow |a_k| \geq 1$$

e da quest'ultima segue che

$$\lim_{k \to +\infty} |a_k| \neq 0 \Rightarrow \lim_{k \to +\infty} a_k \neq 0$$

e quindi la serie data *non è convergente*. **c.v.d.**

Anche per il criterio della radice vale la stessa osservazione fatta per il criterio del confronto e del rapporto, cioè basta che le ipotesi siano verificate $\forall k > k_0 \in \mathbb{N}$.

Anche questo criterio ha un *corollario* molto utile nelle applicazioni che ci limitiamo ad enunciare (sempre diviso in due parti). La sua dimostrazione è molto semplice e viene lasciata come esercizio allo Studente.

Corollario 2.5.1 - *Parte I*

Data una serie $\sum_{k=1}^{+\infty} a_k$, se $\lim_{k \to +\infty} \sqrt[k]{|a_k|} = l < 1$

allora
la *serie* converge assolutamente.

Corollario 2.5.1 - *Parte II*

Data una serie $\sum_{k=1}^{+\infty} a_k$, se $\lim_{k \to +\infty} \sqrt[k]{|a_k|} = l > 1$

allora
la *serie* non converge.

Se $\lim_{k\to+\infty} \sqrt[k]{|a_k|} = 1$ neanche questo criterio ci dà informazioni circa l'assoluta convergenza o la non convergenza della serie e pertanto per scoprirne il carattere occorre seguire qualche altra via.[4] Sperimentiamo su due esempi l'efficacia dei criteri ora esposti.

Esempio 2.8 *Studiare il carattere della serie* $\sum_{k=1}^{+\infty} \frac{k!}{k^k}$.

Il termine generale di tale serie è: $a_k = \frac{k!}{k^k}$ *e siccome risulta* $|a_k| = a_k$, *convergenza e convergenza assoluta si identificano.*

Proviamo ad utilizzare il criterio del rapporto o meglio il suo corollario.

Si ha:

$$\lim_{k\to+\infty} \frac{|a_{k+1}|}{|a_k|} = \lim_{k\to+\infty} \frac{(k+1)!}{(k+1)^{k+1}} \cdot \frac{k^k}{k!} =$$
$$= \lim_{k\to+\infty} \frac{(k+1) \cdot k! \cdot k^k}{(k+1)^{k+1} \cdot k!} = \lim_{k\to+\infty} \frac{k^k}{(k+1)^k} =$$
$$= \lim_{k\to+\infty} \left(\frac{k}{k+1}\right)^k = \lim_{k\to+\infty} \frac{1}{\left(1+\frac{1}{k}\right)^k} = \frac{1}{e} < 1$$

pertanto la serie è convergente.

Esempio 2.9 *Studiare il carattere della serie* $\sum_{k=1}^{+\infty} e^{-k^2+5k}$.

Il termine generale è $a_k = e^{-k^2+5k}$ *e siccome risulta* $|a_k| = a_k$ *anche in questo caso convergenza e convergenza assoluta si identificano.*

---

[4]Nel caso che tale Corollario non dia informazioni perché risulta $\lim_{k\to+\infty} \sqrt[k]{|a_k|} = 1$ è inutile cercarle con il corollario del criterio del rapporto, cioè è inutile effettuare $\lim_{k\to+\infty} \frac{|a_{k+1}|}{|a_k|}$ perché per uno dei teoremi di Cesàro (teorema 1.21) se quest'ultimo limite esiste, esso vale 1. Per comodità dello Studente rienunciamo il suddetto teorema di Cesàro.

Teorema *Se* $\{a_n\}$ *è una successione di numeri positivi e risulta* $\lim_{n\to+\infty} \frac{a_{n+1}}{a_n} = \lambda$ *(finito o* $+\infty$*) allora si ha:* $\lim_{n\to+\infty} \sqrt[n]{a_n} = \lambda$.

§ 2.11 Criteri della successione decrescente e dell'integrale

Proviamo ad utilizzare il criterio della radice o meglio il suo corollario. Si ha:

$$\lim_{k \to +\infty} \sqrt[k]{|a_k|} = \lim_{k \to +\infty} \sqrt[k]{e^{-k^2+5k}} = \lim_{k \to +\infty} e^{-k+5} = 0 < 1$$

e pertanto la serie è convergente.

Oltre ai criteri del rapporto e della radice, vi è un altro criterio che è conseguenza di quello del confronto: il *criterio del confronto asintotico* molto usato nella pratica.

Prima di enunciarlo diamo, per brevità senza dimostrazione, i criteri della *successione decrescente* e quello *dell'integrale* che ci permetteranno di arricchire il nostro "archivio" di serie dal carattere conosciuto.

2.11 Criteri della successione decrescente e dell'integrale

Teorema 2.6 - *Criterio della successione decrescente*
Data una serie $\sum_{k=1}^{+\infty} a_k$, se la successione $\{|a_k|\}$ è monotòna non crescente allora la serie $\sum_{k=1}^{+\infty} |a_k|$ ha lo stesso carattere della serie $\sum_{k=0}^{+\infty} 2^k |a_{2^k}|$, cioè o tutte e due le serie sono convergenti o tutte e due sono divergenti a $+\infty$.

Teorema 2.7 - *Criterio dell'integrale*
Data una serie $\sum_{k=1}^{+\infty} a_k$, se:

- *α) la successione $\{|a_k|\}$ è monotòna non crescente*

- *β) esiste una funzione f di dominio $[1, +\infty)$ anche essa monotòna non crescente tale che:*

$$f(k) = |a_k|, \quad \forall k \in \mathbb{N}$$

allora

la serie $\sum_{k=1}^{+\infty} |a_k|$ converge se e solo se converge l'integrale (improprio) $\int_1^{+\infty} f(x)\ dx$.

Facciamo ora i nostri commenti ai due criteri enunciati!

I) Per quanto riguarda il criterio della *successione decrescente* diciamo subito che esso non ha nulla di "magico"; la sua utilità sta nel fatto che a volte nessuno dei criteri visti ci consente di decidere se la serie $\sum_{k=1}^{+\infty} |a_k|$ sia convergente o divergente a $+\infty$ invece può darsi che qualcuno di essi ci consenta di decidere se lo è oppure no la serie $\sum_{k=0}^{+\infty} 2^k |a_{2^k}|$. [5]

II) Per quanto riguarda invece il criterio dell'integrale, osserviamo due cose:

   a) la legge d'associazione di una funzione f, di cui parla il criterio, è rappresentata dalla "formula" che si ottiene sostituendo la lettera x alla lettera k nella "formula" che esprime $|a_k|$.

   b) l'efficacia del criterio è subordinata alla facilità che si ha nel calcolare $\int_1^{+\infty} f(x)\ dx$ o per lo meno nel decidere circa la sua convergenza o divergenza.

Chiariamoci le idee con alcuni esempi!

---

[5] Nell'uso di tale criterio si verifica la stessa situazione che si presenta quando si utilizza la regola di integrazione per parti nella ricerca delle primitive di una funzione $f \cdot g$:

$$\int f(x) \cdot g(x)\ dx = F(x) \cdot g(x) - \int F(x) \cdot g'(x) \quad \text{ove è} \quad F' = f.$$

Tale regola è efficace solo se si sa calcolare l'integrale che compare al secondo membro; la stessa cosa accade per il criterio della successione decrescente.

§ 2.11 Criteri della successione decrescente e dell'integrale

Esempio 2.10 *Data la serie $\sum_{k=1}^{+\infty} \frac{1}{k^\alpha}$ (serie armonica generalizzata) con $\alpha \in \mathbb{R}$, per ogni valore di α si ha una serie differente.*

Ci poniamo il problema di vedere quali valori di $\alpha \in \mathbb{R}$ danno luogo a serie:

- *convergenti*

- *divergenti*

- *indeterminate.*

Poiché è $a_k = \frac{1}{k^\alpha} > 0$, $\forall k \in \mathbb{N}$ e $\forall \alpha \in \mathbb{R}$ possiamo intanto dire che ogni valore di $\alpha \in \mathbb{R}$ dà luogo ad una serie convergente o divergente a $+\infty$.

Effettuando l'operazione di limite per $k \to +\infty$ sulla successione $\{a_k\}$ si ha:

$$\lim_{k \to +\infty} a_k = \lim_{k \to +\infty} \frac{1}{k^\alpha} = \begin{cases} 0 & \text{se è} \quad \alpha > 0 \\ 1 & \text{se è} \quad \alpha = 0 \\ +\infty & \text{se è} \quad \alpha < 0 \end{cases}$$

e quindi ogni $\alpha \in (-\infty, 0]$ dà luogo ad una serie divergente a $+\infty$, in quanto la serie è a termini positivi ed il criterio di convergenza di Cauchy non è verificato per $p = 1$.

Se è invece $\alpha \in (0, +\infty)$ l'operazione di limite effettuata non ci consente di trarre alcuna conclusione.

Se in questo caso proviamo ad utilizzare il criterio del rapporto *(teorema 2.4) o meglio il suo corollario, si ha:*

$$\lim_{k \to +\infty} \frac{|a_{k+1}|}{|a_k|} = \lim_{k \to +\infty} \frac{a_{k+1}}{a_k} = \lim_{k \to +\infty} \frac{1}{(k+1)^\alpha} \cdot k^\alpha =$$

$$= \lim_{k \to +\infty} \left(\frac{k}{k+1}\right)^\alpha = \lim_{k \to +\infty} \frac{1}{(1+\frac{1}{k})^\alpha} = 1$$

e quindi non abbiamo informazioni.

Il teorema di Cesàro, ricordato nella nota [3], ci assicura poi che è:

$$\lim_{k \to +\infty} \sqrt[k]{|a_k|} = 1$$

e quindi anche il criterio della radice (teorema 2.5), utilizzato sotto forma di corollario, è inefficace.

Tentiamo allora con il criterio del confronto!

Tenendo presente che per $\alpha = 1$ la serie data è la serie armonica *che sappiamo essere divergente a $+\infty$, ci resta da indagare il carattere della serie data per $\alpha \in (0, 1) \cup (1, +\infty)$.*

Poiché se è $\alpha \in (0, 1)$ risulta $k^\alpha < k$ e quindi $\frac{1}{k} < \frac{1}{k^\alpha}$, il criterio del confronto- Parte 2 (teorema 2.3) ci permette di concludere che se è $\alpha \in (0, 1)$ la serie armonica generalizzata è divergente a $+\infty$.

Resta infine da indagare il carattere della serie se è $\alpha \in (1, +\infty)$.

In questo caso, se pensiamo di utilizzare ancora, come serie di confronto, la serie armonica, il criterio del confronto (teorema 2.3) non dà informazioni poiché risultando $k^\alpha > k$ si ha $\frac{1}{k^\alpha} < \frac{1}{k}$ e la divergenza della serie $\sum_{k=1}^{+\infty} \frac{1}{k}$ non dice nulla circa la convergenza o divergenza della serie $\sum_{k=1}^{+\infty} \frac{1}{k^\alpha}$.

Il nostro problema quindi è rimasto irrisolto.

Proviamo allora ad applicare il criterio della successione decrescente (teorema 2.6)!

Si ha:

$$\sum_{k=0}^{+\infty} 2^k \cdot \frac{1}{(2^k)^\alpha} = \sum_{k=0}^{+\infty} \frac{1}{(2^k)^{\alpha-1}} = \sum_{k=0}^{+\infty} \frac{1}{(2^{\alpha-1})^k} = \sum_{k=0}^{+\infty} \left(\frac{1}{2^{\alpha-1}}\right)^k.$$

Quest'ultima è una serie geometrica ed è convergente poiché essendo $\alpha > 1$ risulta $\alpha - 1 > 0$ da cui segue $2^{\alpha-1} > 1$ e quindi $\frac{1}{2^{\alpha-1}} < 1$.

Allo stesso risultato saremmo potuti giungere utilizzando il criterio dell'integrale (teorema 2.7).

Poiché è $\alpha \in (1, +\infty)$ la funzione $f(x) = \frac{1}{x^\alpha}$, $x \in [1, +\infty)$ verifica le

§ 2.11 Criteri della successione decrescente e dell'integrale   123

ipotesi richieste per l'applicabilità del criterio dell'integrale e si ha:

$$\int_1^{+\infty} \frac{1}{x^\alpha} dx = \lim_{p \to +\infty} \int_1^p \frac{1}{x^\alpha} dx = \lim_{p \to +\infty} \left[\frac{x^{-\alpha+1}}{-\alpha+1} \right]_1^p =$$

$$= \lim_{p \to +\infty} \left(\frac{p^{-\alpha+1}}{-\alpha+1} - \frac{1}{-\alpha+1} \right) =$$

$$= \frac{1}{-\alpha+1} \cdot \lim_{p \to +\infty} \left(\frac{1}{p^{\alpha-1}} - 1 \right) =$$

$$= \frac{1}{\alpha-1}$$

Esempio 2.11 *Studiare il carattere della serie* $\sum_{k=2}^{+\infty} \frac{1}{k \cdot \log k}$.

Il termine generale di tale serie è $a_k = \frac{1}{k \cdot \log k}$ *e siccome risulta* $|a_k| = a_k$, *convergenza e convergenza assoluta si identificano e pertanto la serie può essere convergente o divergente a* $+\infty$.

Essendo la successione dei termini monotòna decrescente, proviamo ad applicare il criterio della successione decrescente *(teorema 2.6).*
Si ha

$$\sum_{k=1}^{+\infty} 2^k \cdot \frac{1}{2^k \cdot \log 2^k} = \sum_{k=1}^{+\infty} \frac{1}{k \cdot \log 2} = \frac{1}{\log 2} \cdot \sum_{k=1}^{+\infty} \frac{1}{k}$$

e quindi la serie è divergente a $+\infty$.

Questo esempio poteva anche essere studiato utilizzando il criterio dell'integrale poiché sono soddisfatte le ipotesi della sua applicabilità.
Si ha:

$$\int_2^{+\infty} \frac{1}{x \cdot \log x} dx = \lim_{p \to +\infty} \int_2^p \frac{1}{x \cdot \log x} dx = \lim_{p \to +\infty} [\log|\log x|]_2^p =$$

$$= \lim_{p \to +\infty} (\log|\log p| - \log|\log 2|) = +\infty$$

e quindi la serie è divergente a $+\infty$.

Esempio 2.12 *Studiare il carattere della serie* $\sum_{k=3}^{+\infty} \frac{1}{k \cdot \log k \cdot \log(\log k)}$.

Il termine generale di tale serie è $a_k = \frac{1}{k\cdot\log k\cdot\log(\log k)}$ e siccome risulta $|a_k| = a_k$, anche in questo caso convergenza e convergenza assoluta si identificano e pertanto la serie può essere convergente o divergente a $+\infty$.

Essendo poi la successione dei termini monotòna decrescente, proviamo anche in questo caso ad applicare il criterio della successione decrescente (teorema 2.6).

Si ha:

$$\sum_{k=2}^{+\infty} 2^k \cdot \frac{1}{2^k \cdot \log 2^k \cdot \log(\log 2^k)} =$$
$$= \sum_{k=2}^{+\infty} \frac{1}{k \cdot \log 2 \cdot \log(k \cdot \log 2)} =$$
$$= \frac{1}{\log 2} \cdot \sum_{k=2}^{+\infty} \frac{1}{k \cdot [\log k + \log(\log 2)]}$$

Osservando che è $\log 2 < 1$ e quindi $\log(\log 2) < 0$, il termine generale di quest'ultima serie può essere così minorato

$$\frac{1}{k \cdot \log k} < \frac{1}{k \cdot [\log k + \log 2]}$$

e quindi per il criterio del confronto-Parte II (teorema 2.3), essendo la serie $\sum_{k=2}^{+\infty} \frac{1}{k\cdot\log k}$ divergente a $+\infty$, come abbiamo visto nell'esempio precedente, concludiamo che la serie in questione è divergente a $+\infty$.

Prima di enunciare il criterio del confronto asintotico, aggiorniamo il nostro "archivio" di serie dal carattere conosciuto.

2.12 Archivio di serie dal carattere conosciuto

$\sum_{k=1}^{+\infty} \frac{1}{k\cdot(k+1)}$ (serie di Mengoli) è *convergente* ed ha per *somma* 1.

§ 2.13 Criterio del confronto asintotico

$\sum_{k=1}^{+\infty} x^{(k-1)}$ (serie geometrica) è *convergente* ed ha per *somma* $\frac{1}{1-x}$ se è $x \in (-1, 1)$, *divergente* se è $x \in [1, +\infty)$, *indeterminata* se è $x \in (-\infty, -1]$

$\sum_{k=1}^{+\infty} \frac{1}{k}$ (serie armonica) è *divergente* a $+\infty$.

$\sum_{k=1}^{+\infty} \frac{1}{k^\alpha}$ (serie armonica generalizzata) è *convergente* se è $\alpha > 1$, *divergente* a $+\infty$ se è $\alpha \leq 1$.

$\sum_{k=2}^{+\infty} \frac{1}{k \cdot \log k}$ è divergente a $+\infty$.

$\sum_{k=3}^{+\infty} \frac{1}{k \cdot \log k \cdot \log(\log k)}$ è *divergente* a $+\infty$.

Enunciamo finalmente il criterio del *confronto asintotico*!

2.13 Criterio del confronto asintotico

Teorema 2.8 - *Criterio del confronto asintotico*

Date due serie a termini positivi $\sum_{k=1}^{+\infty} a_k$ *e* $\sum_{k=1}^{+\infty} b_k$ *se*

$$\lim_{k \to +\infty} \frac{a_k}{b_k} = c \in (0, +\infty) \qquad (2.22)$$

allora
   le due serie hanno lo stesso carattere cioè o sono entrambe convergenti o entrambe divergenti a $+\infty$ [6]

---

[6]Essendo le due serie $\sum_{k=1}^{+\infty} a_k$ e $\sum_{k=1}^{+\infty} b_k$ a termini positivi, esse non possono essere né divergenti a $-\infty$ né indeterminate.

Dimostrazione

L'ipotesi (2.22) significa che

$$\forall \epsilon > 0 \quad \exists k_\varepsilon \ : \ \forall k > k_\varepsilon \Rightarrow c - \varepsilon < \frac{a_k}{b_k} < c + \varepsilon \ ;$$

moltiplicando per b_k i tre membri dell'ultima diseguaglianza scritta si ha:

$$(c - \varepsilon) \cdot b_k < a_k < (c + \varepsilon) \cdot b_k \tag{2.23}$$

Se è $\sum_{k=1}^{+\infty} b_k$ convergente, la diseguaglianza di destra nella (2.23), per il *criterio del confronto-Parte I* (teorema 2.3), ci permette di concludere che la serie $\sum_{k=1}^{+\infty} a_k$ è convergente.

Se è invece $\sum_{k=1}^{+\infty} b_k$ divergente a $+\infty$, scegliendo ε in modo che sia $c - \varepsilon > 0$, la diseguaglianza di sinistra nella (2.23), per il *criterio del confronto-Parte II* (teorema 2.3), ci permette invece di concludere che la serie $\sum_{k=1}^{+\infty} a_k$ è divergente a $+\infty$.

c.v.d.

Facciamo ora i nostri commenti al criterio enunciato!

I) Se risulta

$$\lim_{k \to +\infty} \frac{a_k}{b_k} = 0 \tag{2.24}$$

possiamo solo dire che la serie $\sum_{k=1}^{+\infty} a_k$ è convergente se lo è la serie $\sum_{k=1}^{+\infty} b_k$.

Tale affermazione risulta chiara tenendo presente il significato della (2.24) e cioè che:

$$\forall \epsilon > 0 \quad \exists k_\varepsilon \ : \ \forall k > k_\varepsilon \Rightarrow 0 - \varepsilon < \frac{a_k}{b_k} < 0 + \varepsilon \ .$$

§ 2.13 Criterio del confronto asintotico

Moltiplicando infatti, anche qui, per b_k i tre membri dell'ultima diseguaglianza scritta si ha:

$$-\varepsilon \cdot b_k < a_k < \varepsilon \cdot b_k \qquad (2.25)$$

e la diseguaglianza di destra nella (2.25), per il *criterio del confronto-Parte I* (teorema 2.3), ci permette appunto di dire che la serie $\sum_{k=1}^{+\infty} a_k$ è convergente.

II) Per l'uso del criterio del confronto asintotico, come d'altra parte per quello del confronto da cui discende, si necessita di una serie di confronto. Normalmente si utilizza la serie armonica generalizzata. Vediamo come!

Se si vuol studiare il carattere di una serie assegnata $\sum_{k=1}^{+\infty} a_k$ mediante tale criterio, si procede così:

a) si costruisce la serie $\sum_{k=1}^{+\infty} |a_k|$ e si considera la successione $\{|a_k|\}$ dei termini di quest'ultima.

b) si effettua l'operazione di limite

$$\lim_{k \to +\infty} \frac{|a_k|}{\frac{1}{k^\alpha}} \qquad (2.26)$$

il cui risultato dipende ovviamente dal valore del parametro α.

Se esiste un valore $\overline{\alpha}$ di α per cui il limite (2.26) è un numero $c > 0$, allora la serie $\sum_{k=1}^{+\infty} |a_k|$ ha lo stesso carattere della serie armonica generalizzata $\sum_{k}^{+\infty} \frac{1}{k^{\overline{\alpha}}}$ cioè è convergente se è $\overline{\alpha} > 1$, divergente a $+\infty$ se è invece $\overline{\alpha} \leq 1$.

La serie di partenza è pertanto assolutamente convergente se è $\overline{\alpha} > 1$, non è assolutamente convergente (però può essere convergente) se è $\overline{\alpha} \leq 1$.

Esempio 2.13 *Studiare il carattere della serie* $\sum_{k=1}^{+\infty}\left(1-\cos\frac{1}{k}\right)$.

Il termine generale di tale serie è $a_k = 1 - \cos\frac{1}{k}$ e siccome risulta $|a_k| = a_k$, convergenza e convergenza assoluta si identificano e pertanto la serie può essere convergente o divergente a $+\infty$.

Applicando quanto abbiamo ora detto si ha:

$$\lim_{k\to+\infty}\frac{|a_k|}{\frac{1}{k^\alpha}} = \lim_{k\to+\infty}\frac{1-\cos\frac{1}{k}}{\frac{1}{k^\alpha}} = \lim_{k\to+\infty}\frac{\frac{1}{2}\left(\frac{1}{k}\right)^2}{\frac{1}{k^\alpha}} =$$

$$= \frac{1}{2}\lim_{k\to+\infty}\frac{\frac{1}{k^2}}{\frac{1}{k^\alpha}} = \frac{1}{2}\cdot 1 = \frac{1}{2} \quad \text{se è} \quad \alpha = 2.$$

Concludendo: la serie data ha lo stesso carattere della serie armonica generalizzata $\sum_{k=1}^{+\infty}\frac{1}{k^2}$ *e quindi è convergente.*

Esempio 2.14 *Studiare il carattere della serie* $\sum_{k=1}^{+\infty}(-1)^k \cdot \log\left(1+\frac{1}{k}\right)$.

Il termine generale è $a_k = (-1)^k \cdot \log\left(1+\frac{1}{k}\right)$.

Applicando anche qui lo stesso criterio si ha:

$$\lim_{k\to+\infty}\frac{|a_k|}{\frac{1}{k^\alpha}} = \lim_{k\to+\infty}\frac{\log\left(1+\frac{1}{k}\right)}{\frac{1}{k^\alpha}} = \lim_{k\to+\infty}\frac{\frac{1}{k}}{\frac{1}{k^\alpha}} = 1 \quad \text{se è} \quad \alpha = 1.$$

Concludendo: la serie $\sum_{k=1}^{+\infty}|a_k|$ *ha lo stesso carattere della serie armonica e pertanto è divergente a $+\infty$. La serie data non è quindi assolutamente convergente però può essere convergente.*

Esempio 2.15 *Studiare il carattere della serie* $\sum_{k=1}^{+\infty}\frac{\log k}{k^2}$. *Il termine generale di tale serie è* $a_k = \frac{\log k}{k^2}$ *e siccome risulta* $|a_k| = a_k$, *convergenza e convergenza assoluta si identificano e pertanto la serie può essere convergente o divergente a $+\infty$.*

Applicando lo stesso criterio si ha:

$$\lim_{k\to+\infty}\frac{|a_k|}{\frac{1}{k^\alpha}} = \lim_{k\to+\infty}\frac{\frac{\log k}{k^2}}{\frac{1}{k^\alpha}} = \lim_{k\to+\infty}\frac{\log k}{k^{2-\alpha}} = 0$$

se è $2-\alpha > 0$ cioè $\alpha < 2$ e quindi anche se è $1 < \alpha < 2$.

Poiché la serie armonica generalizzata per $1 < \alpha < 2$ è convergente, concludiamo che la serie data è convergente.

I criteri finora esaminati sono tutti criteri sufficienti di convergenza assoluta e quindi di convergenza.

Poiché può accadere che una serie che non sia assolutamente convergente sia invece convergente, diamo allora un criterio sufficiente di convergenza non assoluta riguardante le serie a termini di segno alterno noto come *criterio di convergenza di Leibniz*.

2.14 Criterio di convergenza di Leibniz

Teorema 2.9 - *Criterio di convergenza di Leibniz*

Se la successione $\{a_k\}$ *è:*

α) *a termini* > 0

β) *monotòna non crescente, cioè* $\forall k \in \mathbb{N} \Rightarrow a_k \geq a_{k+1}$

γ) *infinitesima, cioè* $\lim\limits_{k \to +\infty} a_k = 0$ *allora la serie*

$$\sum_{k=1}^{+\infty} (-1)^{k+1} a_k \qquad (2.27)$$

è:

α') *convergente*

β') *le sue somme parziali di indice dispari danno un valore approssimato per eccesso della sua somma.*

γ') *le sue somme parziali di indice pari danno un valore approssimato per difetto della sua somma.*

δ') *l'errore che si commette assumendo una somma parziale* s_n *in luogo della somma* S *della serie è, in valore assoluto minore di* a_{n+1} *cioè del primo termine che si trascura.*

Dimostrazione
Per dimostrare la convergenza della (2.27), dimostriamo la convergenza della successione $\{s_n\}$ delle sue somme parziali.

Per far ciò, basta mostrare che sia la sottosuccessione delle somme parziali di indice dispari che quella delle somme parziali di indice pari sono entrambe convergenti ed hanno lo stesso limite.

Ragioniamo così!

Se s_n è la generica somma parziale *di indice dispari*, esprimendo n come $2p-1$ con $p \in \mathbb{N}$, si ha, per l'ipotesi β):

$$\begin{aligned}
s_1 &= a_1 \\
s_3 &= a_1 - a_2 + a_3 = a_1 - (a_2 - a_3) \leq s_1 \\
s_5 &= a_1 - a_2 + a_3 - a_4 + a_5 = a_1 - (a_2 - a_3) - (a_4 - a_5) = \\
&= s_3 - (a_4 - a_5) \leq s_3 \\
&\ldots \ldots \ldots \ldots \ldots \ldots \\
s_{2p-1} &= a_1 - a_2 + a_3 - \cdots - a_{2p-2} + a_{2p-1} = \\
&= a_1 - (a_2 - a_3) - \cdots - (a_{2p-2} - a_{2p-1}) = \\
&= s_{2p-3} - (a_{2p-2} - a_{2p-1}) \leq s_{2p-3}
\end{aligned}$$

quindi essendo

$$s_1 \geq s_3 \geq s_5 \geq \cdots \geq s_{2p-3} \geq s_{2p-1} \geq \cdots$$

concludiamo che tale sottosuccessione è *monotòna non crescente*.

Se scriviamo poi s_{2p-1} così:

$$s_{2p-1} = (a_1 - a_2) + (a_3 - a_4) + \cdots + (a_{2p-3} - a_{2p-2}) + a_{2p-1}$$

possiamo aggiungere, sempre per l'ipotesi β), che tale sottosuccessione oltre ad essere monotòna non crescente è anche a termini positivi e quindi per il *teorema delle successioni monotòne* (teorema 1.7), si ha:

$$\lim_{p \to +\infty} s_{2p-1} = S \geq 0 \ . \tag{2.28}$$

Se s_n è invece la generica somma parziale di indice pari, esprimendo n come $2p$, con $p \in \mathbb{N}$ si ha:

$$s_{2p} = s_{2p-1} - a_{2p}$$

§ 2.14 Criterio di convergenza di Leibniz

da cui, per l'ipotesi γ) e per la (2.28) segue

$$\lim_{p \to +\infty} s_{2p} = \lim_{p \to +\infty} (s_{2p-1} - a_{2p}) = S - 0 = S.$$

Possiamo allora concludere che la serie data è convergente ed ha per somma S. Il punto α') è pertanto dimostrato.

La dimostrazione del punto β') segue dal fatto che la sottosuccessione $\{s_{2p}\}$ è monotòna non decrescente. Si ha infatti:

$$\begin{aligned}
s_2 &= a_1 - a_2 \\
s_4 &= a_1 - a_2 + a_3 - a_4 = (a_1 - a_2) + (a_3 - a_4) = \\
&= s_2 + (a_3 - a_4) \geq s_2 \\
s_6 &= a_1 - a_2 + a_3 - a_4 + a_5 - a_6 = (a_1 - a_2) + (a_3 - a_4) + \\
&+ (a_5 - a_6) = s_4 + (a_5 - a_6) \geq s_4 \\
&\cdots \cdots \cdots \cdots \cdots \cdots \\
s_{2p} &= a_1 - a_2 + \cdots - a_{2p-2} + a_{2p-1} - a_{2p} = \\
&= \cdots = s_{2p-2} + (a_{2p-1} - a_{2p}) \geq s_{2p-2}
\end{aligned}$$

La dimostrazione infine del punto γ') segue dalle due relazioni:

$$s_{2p-2} \leq S \leq s_{2p-1}$$

e

$$s_{2p-1} - s_{2p-2} = a_{2p-1}$$

Si ha infatti:

$$S - s_{2p-2} \leq s_{2p-1} - s_{2p-2} = a_{2p-1}$$

$$s_{2p-1} - S \leq s_{2p-1} - s_{2p-2} = a_{2p-1}$$

c.v.d.

Illustriamo ora l'uso di tale criterio con un paio di esempi.

Esempio 2.16 *Data la serie* $\sum_{k=1}^{+\infty} (-1)^{k+1} \cdot \frac{1}{k}$, *studiarne il carattere.*

Il suo termine generale è $a_k = \frac{(-1)^{k+1}}{k}$.
Siccome
$$|a_k| = \left|\frac{(-1)^{k+1}}{k}\right| = \frac{|(-1)^{k+1}|}{k} = \frac{1}{k}$$

la serie $\sum_{k=1}^{+\infty} |a_k|$ non converge trattandosi della serie armonica e pertanto la serie data non converge assolutamente.

Poiché essa è una serie a termini di segno alterno che verifica le ipotesi del criterio di convergenza di Leibniz, concludiamo che è una serie convergente.

Esempio 2.17 *Data la serie* $\sum_{k=1}^{+\infty}(-1)^k \cdot \log\left(1 + \frac{1}{k}\right)$ *studiarne il carattere.*

Il suo termine generale è $a_k = (-1)^k \cdot \log\left(1 + \frac{1}{k}\right)$ ed nel paragrafo 2.13 abbiamo visto che tale serie non converge assolutamente. Vediamo se converge!

Si tratta di una serie a termini di segno alterno però a differenza di ciò che avviene nell'enunciato del criterio di Leibniz i termini di indice dispari sono negativi.

Tenendo presente che nel paragrafo 2.4 abbiamo dimostrato che le due serie $\sum_{k=1}^{+\infty} a_k$ e $\sum_{k=1}^{+\infty}(c \cdot a_k)$ hanno lo stesso carattere, invece di studiare il carattere della serie assegnata basta studiare il carattere della serie da essa ottenuta moltiplicando i suoi termini per $c = -1$.

Così facendo otteniamo la serie $\sum_{k=1}^{+\infty}(-1)^{k+1} \cdot \log\left(1 + \frac{1}{k}\right)$ la quale verifica le ipotesi del criterio di Leibniz e pertanto è convergente.

Il criterio di convergenza di Leibniz ci dà una valutazione dell'errore che si commette quando si sostituisce la somma S di una serie a termini di segno alterno convergente con una sua somma parziale $s_{\overline{n}}$.

Vogliamo ora affrontare tale problema per una qualunque serie assolutamente convergente.

2.15 Maggiorazioni del resto di una serie assolutamente convergente

Una volta riconosciuta l'assoluta convergenza di una serie, non essendo in generale possibile il calcolo della sua somma S, si approssima quest'ultima con una somma parziale $s_{\overline{n}}$.

Così facendo si commette però un *errore* che, ricordando quanto abbiamo detto nel paragrafo 2.3, non è altro che la somma $R_{\overline{n}}$ della *serie resto* $\sum_{k=\overline{n}+1}^{+\infty} a_k$ che prende appunto il nome di *resto* della serie.

Tenendo poi presente la relazione:

$$R_{\overline{n}} = S - s_{\overline{n}}$$

da cui segue che:

$$\lim_{\overline{n} \to +\infty} R_{\overline{n}} = \lim_{\overline{n} \to +\infty} (S - s_{\overline{n}}) = S - S = 0 \ ,$$

si capisce come "più grande" è $\overline{n}$ e minore è l'errore che si commette quando si approssima S con $s_{\overline{n}}$.

Il problema che ora ci poniamo è di vedere quanto deve valere $\overline{n}$ se vogliamo che l'errore commesso sia, in valore assoluto, *minore* di un numero $k > 0$ prefissato.

In simboli:

$$|R_{\overline{n}}| < k \ . \tag{2.29}$$

Per ben comprendere come ci si debba muovere nella pratica, esaminiamo tre esempi particolarmente calzanti, tratti dal libro "Esercizi e Complementi di Analisi Matematica I" di Ghizzetti-Rosati.

Esempio 2.18 *Data la serie* $\sum_{k=1}^{+\infty} \frac{1}{k \cdot 2^k}$, *dire:*

a) *se è convergente.*

b) *se lo è, calcolare la sua somma S con quattro cifre decimali esatte.*

a) *Si tratta di una serie a termini positivi e pertanto o è convergente o è divergente a $+\infty$. Applicando ad esempio il corollario del criterio della radice si trova:*

$$\lim_{k \to +\infty} \sqrt[k]{|a_k|} = \lim_{k \to +\infty} \sqrt[k]{a_k} = \lim_{k \to +\infty} \frac{1}{\sqrt[k]{k} \cdot 2} = \frac{1}{2}$$

e pertanto la serie è convergente.

b) *Per calcolare la somma S con quattro cifre decimali esatte, l'errore $R_{\overline{n}}$ che si può commettere sostituendo S con $s_{\overline{n}}$ deve risultare, in valore assoluto, minore di 10^{-4}, cioè $\overline{n}$ (indice della somma parziale $s_{\overline{n}}$) deve essere soluzione della disequazione:*

$$|R_{\overline{n}}| < 10^{-4}.$$

Procedendo con i calcoli, si ha:

$$
\begin{aligned}
|R_{\overline{n}}| &= R_{\overline{n}} = \frac{1}{(\overline{n}+1)2^{\overline{n}+1}} + \frac{1}{(\overline{n}+2)2^{\overline{n}+2}} + \frac{1}{(\overline{n}+3)2^{\overline{n}+3}} + \cdots = \\
&= \frac{1}{(\overline{n}+1)2^{\overline{n}+1}} \cdot \left[1 + \frac{\overline{n}+1}{\overline{n}+2} \cdot \frac{1}{2} + \frac{\overline{n}+1}{\overline{n}+3} \cdot \frac{1}{2^2} + \cdots\right] < \\
&< \frac{1}{(\overline{n}+1)2^{\overline{n}+1}} \cdot \left(1 + \frac{1}{2} + \left(\frac{1}{2}\right)^2 + \cdots\right) = \\
&= \frac{1}{(\overline{n}+1)2^{\overline{n}+1}} \cdot \frac{1}{1-\frac{1}{2}} = \frac{1}{(\overline{n}+1)2^{\overline{n}+1}} \cdot 2 = \frac{1}{(\overline{n}+1)2^{\overline{n}}}
\end{aligned}
$$

e quindi sicuramente è $|R_{\overline{n}}| < 10^{-4}$ se lo è $\frac{1}{(\overline{n}+1)2^{\overline{n}}}$.

Calcolando quest'ultima espressione per successivi valori di n, si trova che il primo valore $\overline{n}$ per cui essa risulta minore di 10^{-4} è $\overline{n} = 10$.

Poiché è $R_{\overline{n}} > 0$, $\forall n \in \mathbb{N}$, possiamo allora concludere che è:

$$s_{10} < S < s_{10} + 10^{-4}.$$

Esempio 2.19 *Data la serie $\sum_{k=1}^{+\infty} \frac{1}{k!}$ dire:*

§ 2.15 Maggiorazioni del resto di serie assolutamente convergente 135

a) se è convergente.

b) se lo è, calcolare la sua somma S con quattro cifre decimali esatte.

a) *Anche in questo caso si tratta di una serie a termini positivi e pertanto o è convergente o è divergente a $+\infty$. Nel paragrafo 2.8 abbiamo visto che tale serie è convergente per cui possiamo passare al punto b).*

b) *Per calcolare la somma S con quattro cifre decimali esatte, l'errore $R_{\overline{n}}$ che si può commettere sostituendo S con $s_{\overline{n}}$ deve risultare, in valore assoluto, minore di 10^{-4}, cioè $\overline{n}$ (indice della somma parziale $s_{\overline{n}}$) deve essere soluzione della disequazione:*

$$|R_{\overline{n}}| < 10^{-4}.$$

Procedendo con i calcoli, si ha:

$$\begin{aligned}
|R_{\overline{n}}| &= R_{\overline{n}} = \frac{1}{(\overline{n}+1)!} + \frac{1}{(\overline{n}+2)!} + \frac{1}{(\overline{n}+3)!} + \cdots = \\
&= \frac{1}{(\overline{n}+1)!} \cdot \left[1 + \frac{(\overline{n}+1)!}{(\overline{n}+2)!} + \frac{(\overline{n}+1)!}{(\overline{n}+3)!} + \cdots\right] = \\
&= \frac{1}{(\overline{n}+1)!} \cdot \left[1 + \frac{1}{\overline{n}+2} + \frac{1}{(\overline{n}+3)(\overline{n}+2)} + \cdots\right] < \\
&< \frac{1}{(\overline{n}+1)!} \cdot \left[1 + \frac{1}{\overline{n}+2} + \frac{1}{(\overline{n}+2)^2} + \cdots\right] = \\
&= \frac{1}{(\overline{n}+1)!} \cdot \frac{1}{1-\frac{1}{\overline{n}+2}} = \frac{1}{(\overline{n}+1)!} \cdot \frac{\overline{n}+2}{\overline{n}+1}
\end{aligned}$$

e quindi sicuramente è $|R_{\overline{n}}| < 10^{-4}$ se lo è $\frac{1}{(\overline{n}+1)!} \cdot \frac{\overline{n}+2}{\overline{n}+1}$.

Calcolando quest'ultima espressione per successivi valori di n, si trova che il primo valore $\overline{n}$ per cui essa risulta minore di 10^{-4} è $\overline{n} = 7$.

Poiché è $R_{\bar{n}} > 0$, $\forall \bar{n} \in \mathbb{N}$, possiamo allora concludere che è

$$s_7 < S < s_7 + 10^{-4}.$$

Esempio 2.20 *Data la serie $\sum\limits_{k=1}^{+\infty} \frac{k!}{k^k}$, dire:*

a) *se è convergente.*

b) *se lo è, calcolare la sua somma S con un errore minore di 10^{-2}.*

a) *Anche qui, come nei due esempi precedenti, abbiamo una serie a termini positivi e pertanto o è convergente o è divergente a $+\infty$. Nel paragrafo 2.10 abbiamo visto che tale serie è convergente per cui possiamo passare al punto b).*

b) *Procedendo con i calcoli si ha:*

$$|R_{\bar{n}}| = R_{\bar{n}} = \frac{(\bar{n}+1)!}{(\bar{n}+1)^{\bar{n}+1}} + \frac{(\bar{n}+2)!}{(\bar{n}+2)^{\bar{n}+2}} + \frac{(\bar{n}+3)!}{(\bar{n}+3)^{\bar{n}+3}} + \cdots$$

In questo caso per maggiorare i termini della serie resto in modo da ottenere una serie di cui si sappia calcolare la somma, ragioniamo così:

poiché $\frac{a_{k+1}}{a_k} = \frac{(k+1)!}{(k+1)^{k+1}} \cdot \frac{k^k}{k!} = \frac{1}{\left(1+\frac{1}{k}\right)^k}$ e poiché sappiamo che è $\left(1+\frac{1}{k}\right)^k > 2$, possiamo scrivere

$$a_{k+1} = \frac{1}{\left(1+\frac{1}{k}\right)^k} \cdot a_k < \frac{1}{2} \cdot a_k.$$

§ 2.15 Maggiorazioni del resto di serie assolutamente convergente

Tale disuguaglianza ci consente di scrivere:

$$\begin{aligned}|R_{\overline{n}}| = R_{\overline{n}} &< \frac{(\overline{n}+1)!}{(\overline{n}+1)^{\overline{n}+1}} + \frac{1}{2}\cdot\frac{(\overline{n}+1)!}{(\overline{n}+1)^{\overline{n}+1}} + \\ &+ \frac{1}{4}\cdot\frac{(\overline{n}+1)!}{(\overline{n}+1)^{\overline{n}+1}} + \cdots = \\ &= \frac{(\overline{n}+1)!}{(\overline{n}+1)^{\overline{n}+1}}\cdot\left(1+\frac{1}{2}+\frac{1}{2^2}+\cdots\right) = \\ &= \frac{\overline{n}!}{(\overline{n}+1)^{\overline{n}}}\cdot\frac{1}{1-\frac{1}{2}} = \frac{2\overline{n}!}{(\overline{n}+1)^{\overline{n}}}\end{aligned}$$

e quindi sicuramente è $|R_{\overline{n}}| < 10^{-2}$ *se lo è* $\frac{2\overline{n}!}{(\overline{n}+1)^{\overline{n}}}$.

Calcolando quest'ultima espressione per successivi valori di n, si trova che il primo valore $\overline{n}$ per cui essa risulta minore di 10^{-2} è $\overline{n} = 7$.

Dagli esempi esaminati balza chiaro il "procedimento" da seguire per risolvere la (2.29).

Poiché è:

$$|R_{\overline{n}}| = \left|\sum_{k=\overline{n}+1}^{+\infty} a_k\right| \leq \sum_{k=\overline{n}+1}^{+\infty} |a_k|$$

si procede così:

I) si scrivono i primi termini della serie $\sum_{k=\overline{n}+1}^{+\infty} |a_k|$

II) si maggiorano i termini di tale serie in modo che della serie con i termini maggiorati si sappia calcolare la somma S^* che ovviamente dipende da $\overline{n}$ e per ricordare ciò si scrive $S^*_{\overline{n}}$.

III) si calcola $S^*_{\overline{n}}$ e poiché è $R_{\overline{n}} \leq S^*_{\overline{n}}$ ogni soluzione della disequazione $S^*_{\overline{n}} < k$ è anche soluzione della (2.29).

IV) si cerca il "più piccolo" $\overline{n}$ che è soluzione di $S^*_{\overline{n}} < k$. Tale numero $\overline{n}$ ci dà il numero dei termini della somma parziale che risolve il nostro problema.

Gli esempi esaminati ci mostrano che la difficoltà che s'incontra nell'applicare tale procedimento sta nel punto II).

Ora che abbiamo dato un significato numerico alla serie, cioè ad una somma di infiniti termini, è naturale chiedersi se essa gode delle stesse proprietà di cui gode la somma di un numero finito di termini, cioè delle proprietà *distributiva, associativa* e *commutativa*.

2.16 Proprietà distributiva

Per quanto riguarda la *proprietà distributiva*, di essa ci siamo già occupati, senza chiamarla per nome, nel paragrafo 2.4 quando abbiamo dimostrato che le due serie $\sum_{k=1}^{+\infty} a_k$ e $\sum_{k=1}^{+\infty} (c \cdot a_k)$ hanno lo stesso carattere e, se sono convergenti, detta S la somma della prima serie, la somma della seconda è $c \cdot S$.

Questo risultato ci permette di concludere che la *proprietà distributiva* si estende anche alle serie.

Occupiamoci ora della *proprietà associativa*

2.17 Proprietà associativa

Cominciamo con il precisare la questione dando la seguente definizione:

Data una serie $\sum_{k=1}^{+\infty} a_k$ si dice che una serie $\sum_{k=1}^{+\infty} b_k$ è stata da essa dedotta *associandone i termini*, se esiste una successione monotòna crescente di numeri naturali $\{\nu_k\}$ tale che:

$$\begin{aligned} b_1 &= a_1 + a_2 + \cdots + a_{\nu_1} \\ b_2 &= a_{\nu_1+1} + a_{\nu_1+2} + \cdots + a_{\nu_2} \\ b_3 &= a_{\nu_2+1} + a_{\nu_2+2} + \cdots + a_{\nu_3} \\ \cdots &= \cdots\cdots\cdots\cdots\cdots\cdots\cdots\cdots\cdots \end{aligned}$$

§ 2.17 Proprietà associativa

Poiché infinite sono le successioni monotòne crescenti $\{\nu_k\}$ di numeri naturali, a partire da una serie assegnata $\sum_{k=1}^{+\infty} a_k$, si possono costruire infinite serie $\sum_{k=1}^{+\infty} b_k$ associandone i termini.

Ciò premesso, diremo che una serie $\sum_{k=1}^{+\infty} a_k$ gode della *proprietà associativa* se ciascuna di tali infinite serie ha il suo stesso carattere ed in particolare se è convergente, la stessa somma.

Tenendo poi presente che il carattere di una serie è lo stesso della successione delle sue somme parziali, per effettuare la nostra indagine, cominciamo con il vedere che relazione c'è tra la successione $\{s_n\}$ delle somme parziali della serie assegnata $\sum_{k=1}^{+\infty} a_k$ e quello della successione $\{s'_n\}$ delle somme parziali di una qualunque serie $\sum_{k=1}^{+\infty} b_k$ da essa dedotta associandone i termini.

Si ha:

$$\begin{aligned} s'_1 &= b_1 = a_1 + a_2 + \cdots + a_{\nu_1} = s_{\nu_1} \\ s'_2 &= b_1 + b_2 = a_1 + a_2 + \cdots + a_{\nu_1} + a_{\nu_1+1} + a_{\nu_1+2} + \cdots + a_{\nu_2} = s_{\nu_2} \\ s'_3 &= b_1 + b_2 + b_3 = \cdots\cdots\cdots\cdots\cdots\cdots\cdots\cdots\cdots\cdots\cdots = s_{\nu_3} \\ &\cdots\cdots\cdots\cdots\cdots\cdots\cdots\cdots\cdots\cdots\cdots \end{aligned}$$

e pertanto la successione $\{s'_n\}$ è una sottosuccessione di $\{s_n\}$ e quindi se $\{s_n\}$ è *regolare* (cioè è convergente o divergente a $\pm\infty$) anche $\{s'_n\}$ lo è ed ha lo stesso limite.

Riassumendo possiamo allora concludere:

– una serie gode della *proprietà associativa* se e solo se è *regolare*.

Tale conclusione ci consente, quando si debba decidere tra la convergenza o la divergenza di una serie che a-priori sappiamo essere regolare e non sappiamo farlo, di sostituire la serie data con qualche serie da essa dedotta associandone i termini sperando che per la nuova serie si sappia decidere.

Sperimentiamo quanto abbiamo detto sulla serie armonica generalizzata con $\alpha \in (1, +\infty)$.

Nel paragrafo 2.11 abbiamo visto, servendoci del *criterio della successione decrescente* (teorema 2.6) o anche *dell'integrale* (teorema 2.7) che tale serie è convergente. La sua convergenza si può anche scoprire, servendoci della proprietà associativa, ragionando così:

- a partire dalla serie $\sum_{k=1}^{+\infty} \frac{1}{k^\alpha}$ con $\alpha \in (1, +\infty)$, sicuramente regolare perché a termini positivi, costruiamo quest'altra serie associandone i termini servendoci di questa successione:

$$\nu_k = 2^k - 1, \quad con \quad k \in \mathbb{N}.$$

Poiché è:
$$\nu_1 = 1, \quad \nu_2 = 3, \quad \nu_3 = 7, \quad \nu_4 = 15, \cdots$$

si ha:
$$b_1 = a_1 = \frac{1}{1^\alpha} = 1$$
$$b_2 = a_2 + a_3 = \frac{1}{2^\alpha} + \frac{1}{3^\alpha}$$
$$b_3 = a_4 + a_5 + a_6 + a_7 = \frac{1}{4^\alpha} + \frac{1}{5^\alpha} + \frac{1}{6^\alpha} + \frac{1}{7^\alpha}$$
$$\cdots\cdots\cdots\cdots\cdots\cdots\cdots\cdots\cdots$$

Utilizzando il *criterio del confronto-Parte I* (teorema 2.3) abbiamo:
$$b_1 = 1$$
$$b_2 = \frac{1}{2^\alpha} + \frac{1}{3^\alpha} < \frac{1}{2^\alpha} + \frac{1}{2^\alpha} = \frac{1}{2^{\alpha-1}}$$
$$b_3 = \frac{1}{4^\alpha} + \frac{1}{5^\alpha} + \frac{1}{6^\alpha} + \frac{1}{7^\alpha} < 4 \cdot \frac{1}{4^\alpha} = \frac{1}{4^{\alpha-1}} = \frac{1}{(2^2)^{\alpha-1}} = \left(\frac{1}{2^{\alpha-1}}\right)^2$$
$$b_4 = \frac{1}{8^\alpha} + \frac{1}{9^\alpha} + \cdots + \frac{1}{15^\alpha} < 8 \cdot \frac{1}{8^\alpha} = \frac{1}{8^{\alpha-1}} = \frac{1}{(2^3)^{\alpha-1}} = \left(\frac{1}{2^{\alpha-1}}\right)^3$$
$$\cdots\cdots\cdots\cdots\cdots\cdots$$
$$b_k = \cdots\cdots\cdots < \left(\frac{1}{2^{\alpha-1}}\right)^{k-1}$$

e quindi, per la convergenza della serie $\sum_{k=1}^{+\infty} \left(\frac{1}{2^{\alpha-1}}\right)^{k-1}$ abbiamo la convergenza della serie in istudio.

Occupiamoci della proprietà commutativa!

2.18 Proprietà commutativa

Anche qui precisiamo la questione dando un paio di definizioni!

> Si chiama *permutazione* di $\mathbb{N}$ il codominio di ogni successione $\{\nu_k\}$ di numeri naturali che goda delle seguenti proprietà: ogni numero naturale m è immagine di un solo numero naturale k cioè esiste un solo $k \in \mathbb{N}$ tale che $\nu_k = m$.
>
> Data una serie $\sum_{k=1}^{+\infty} a_k$ si dice che una serie $\sum_{k=1}^{+\infty} b_k$ è stata da essa ottenuta *permutando* l'ordine dei suoi termini, se esiste una *permutazione* $\{\nu_k\}$ di $\mathbb{N}$ tale che:
>
> $b_1 = a_{\nu_1}$
>
> $b_2 = a_{\nu_2}$
>
> ....
>
> $b_k = a_{\nu_k}$
>
> ....
>
> La serie $\sum_{k=1}^{+\infty} b_k = \sum_{k=1}^{+\infty} a_{\nu_k}$ si chiama *riordinamento* della serie data associato alla permutazione $\{\nu_k\}$ di $\mathbb{N}$.

Poiché infinite sono le permutazioni di $\mathbb{N}$, a partire da una serie assegnata si possono costruire infiniti riordinamenti della stessa.

Ciò premesso, diremo che una serie $\sum_{k=1}^{+\infty} a_k$ gode della *proprietà commutativa* se ciascuno dei suoi infiniti riordinamenti ha il suo stesso *carattere* ed in particolare se la serie è *convergente*, la sua stessa *somma*.

Non essendovi alcuna relazione tra la successione delle somme parziali di una serie assegnata e quella di un qualunque suo riordinamento, per scoprire quali serie godono della proprietà commutativa, invece di porci il problema per una serie qualsiasi, come abbiamo fatto per la proprietà associativa, cominciamo ad occuparci delle serie a termini di *segno costante*.

Prima di fare ciò, diamo una definizione e dimostriamo un teorema.

2.19 Somme generalizzate di una serie a termini di segno costante e proprietà dell'insieme da esse costituito

Data una serie $\sum_{k=1}^{+\infty} a_k$, si chiama *somma generalizzata* di n termini, ad essa relativa, ogni somma del tipo $A_n = a_{k_1} + a_{k_2} + \cdots + a_{k_n}$ ove n è un numero naturale arbitrario e $k_1, k_2, \cdots, k_n$ sono n indici arbitrari però vincolati ad essere $k_1 < k_2 < \cdots < k_n$.

Se è $k_1 = 1, k_2 = 2, \cdots, k_n = n$ allora risulta $A_n = s_n$ e da qui viene per A_n il nome di somma generalizzata.

Dalla definizione di somma generalizzata segue che il codominio della successione delle somme parziali è un sottoinsieme dell'insieme A delle somme generalizzate.

Ciò premesso, dimostriamo il teorema preannunciato!

Teorema 2.10 *Se una serie $\sum_{k=1}^{+\infty} a_k$ è a termini ≥ 0, allora l'estremo superiore dell'insieme A (costituito da tutte le sue somme generalizzate) coincide con l'estremo superiore del codominio della successione delle sue somme parziali.*

Dimostrazione
Detto S l'estremo superiore del codominio della successione delle sue

§ 2.20 Ancora sulla proprietà commutativa

somme parziali, poiché tale codominio è contenuto in A, per dimostrare il teorema, basta provare che ogni somma A_n risulta $\leq S$.

Poiché per ipotesi è $a_k \geq 0$, si ha allora:

$$\begin{aligned}A_n &= a_{k_1} + a_{k_2} + \cdots + a_{k_n} \leq a_1 + a_2 + \cdots + a_{k_1} + a_{k_1+1} + \cdots + \\ &\quad + \cdots + a_{k_2} + a_{k_2+1} + \cdots + a_{k_n} = S_{k_n} \leq S\end{aligned}$$

e quindi il teorema è dimostrato. c.v.d.

2.20 Ancora sulla proprietà commutativa

Poniamoci ora il problema di vedere se le *serie a termini di segno costante* godono oppure no della *proprietà commutativa*.

Si ha al riguardo il teorema:

Teorema 2.11 *Ogni serie* $\sum_{k=1}^{+\infty} a_k$ *a termini di segno costante gode della proprietà commutativa.*

Dimostrazione
Basta limitarsi a dimostrare il teorema nel caso $a_k \geq 0$. Se fosse infatti $a_k \leq 0$, tenendo presente che $a_k = -|a_k|$ possiamo scrivere, per quanto abbiamo detto nel paragrafo 2.6, $\sum_{k=1}^{+\infty} a_k = -\sum_{k=1}^{+\infty} |a_k|$ e quindi concludere che la serie $\sum_{k=1}^{+\infty} a_k$ gode della proprietà commutativa se e solo se ne gode la serie $\sum_{k=1}^{+\infty} |a_k|$ che è appunto a termini ≥ 0.

Ciò premesso, sia $\sum_{k=1}^{+\infty} a_k$ una serie a termini ≥ 0 e $\sum_{k=1}^{+\infty} b_k$ un suo riordinamento. Denotiamo rispettivamente con $\{s_n\}$, A e $\{s'_n\}$, A' la successione delle somme parziali e l'insieme delle somme generalizzate delle due serie.

Trattandosi di serie a termini ≥ 0, per il *teorema 2.10*, si ha:

$$\lim_{n \to +\infty} s_n = \sup A \quad e \quad \lim_{n \to +\infty} s'_n = \sup A'.$$

Poiché, come è facile convincersi, gli insiemi A e A' coincidono, il teorema è dimostrato.

c.v.d.

Occupiamoci ora delle serie *assolutamente convergenti*.
Per esse si ha il seguente teorema:

Teorema 2.12 *Se la serie* $\sum_{k=1}^{+\infty} a_k$ *è assolutamente convergente ed ha per somma* S, *ogni suo riordinamento* $\sum_{k=1}^{+\infty} b_k$ *è anche esso assolutamente convergente ed ha la stessa somma.*

Dimostrazione

Provare che la serie $\sum_{k=1}^{+\infty} b_k$ è assolutamente convergente, significa provare che la serie $\sum_{k=1}^{+\infty} |b_k|$ è convergente.

La serie $\sum_{k=1}^{+\infty} |b_k|$ è un riordinamento della serie $\sum_{k=1}^{+\infty} |a_k|$ la quale per ipotesi è convergente; poiché quest'ultima, per il *teorema 2.11*, gode della *proprietà commutativa*, concludiamo che la serie $\sum_{k=1}^{+\infty} |b_k|$ è convergente ed ha la stessa somma di $\sum_{k=1}^{+\infty} |a_k|$ quindi l'assoluta convergenza di $\sum_{k=1}^{+\infty} b_k$ è dimostrata.

Per provare che $\sum_{k=1}^{+\infty} b_k = S$ ragioniamo così:

– se scriviamo $a_k = |a_k| - (|a_k| - a_k)$ la serie $\sum_{k=1}^{+\infty} a_k$ può essere riguardata come *serie differenza*:

$$\sum_{k=1}^{+\infty} a_k = \sum_{k=1}^{+\infty} |a_k| - \sum_{k=1}^{+\infty} (|a_k| - a_k). \qquad (2.30)$$

Le serie che compaiono al secondo membro della (2.30) sono entrambe a termini ≥ 0 e convergenti: la prima per ipotesi, la seconda

§ 2.20 Ancora sulla proprietà commutativa

per il *criterio del confronto - Parte I* (teorema 2.3); si ha infatti:

$$|a_k| - a_k \leq |a_k| + |a_k| = 2|a_k|.$$

Dette rispettivamente S_1 e S_2 le loro somme, si ha:

$$\sum_{k=1}^{+\infty} a_k = \sum_{k=1}^{+\infty} |a_k| - \sum_{k=1}^{+\infty} (|a_k| - a_k) = S_1 - S_2 = S.$$

Poiché entrambe le serie $\sum_{k=1}^{+\infty} |a_k|$ e $\sum_{k=1}^{+\infty} (|a_k| - a_k)$, per il *teorema 2.11*, godono della *proprietà commutativa*, tutti i loro riordinamenti $\sum_{k=1}^{+\infty} |b_k|$ e $\sum_{k=1}^{+\infty} (|b_k| - b_k)$ sono convergenti ed hanno per somma rispettivamente S_1 e S_2 quindi

$$\sum_{k=1}^{+\infty} b_k = \sum_{k=1}^{+\infty} |b_k| - \sum_{k=1}^{+\infty} (|b_k| - b_k) = S_1 - S_2 = S,$$

il teorema è dunque dimostrato.

c.v.d.

Riassumendo quanto abbiamo finora analizzato possiamo concludere che godono della *proprietà commutativa*:

- tutte le serie a termini ≥ 0 oppure ≤ 0 siano esse *convergenti* o *divergenti* a $\pm\infty$ (*teorema 2.11*).

- tutte le serie a termini di segno qualunque però *assolutamente convergenti* (*teorema 2.12*).

Esaminiamo ora le serie *convergenti* ma non *assolutamente convergenti*.
Che si può dire per esse?
Il *teorema di Riemann-Dini*, di cui non daremo la dimostrazione, ci dà la risposta!

Teorema 2.13 - *Teorema di Riemann-Dini*
Ogni serie $\sum_{k=1}^{+\infty} a_k$ convergente ma non assolutamente convergente è dotata di riordinamenti:

- divergenti *a* $+\infty$

- divergenti *a* $-\infty$

- convergenti *ed aventi per* somma *un numero S prefissato*

- indeterminati

Concludendo:

- il teorema di Riemann-Dini dice che le serie convergenti non godono della proprietà commutativa a meno che non siano assolutamente convergenti.

Resta infine da esaminare le *serie indeterminate*.
È facile convincersi che anche di queste ultime il teorema di Riemann-Dini dice che non godono della proprietà commutativa.

Consideriamo infatti una serie *convergente* $\sum_{k=1}^{+\infty} a_k$ e tutti i suoi infiniti *riordinamenti*. Tra questi ultimi fissiamo l'attenzione su un *riordinamento indeterminato* $\sum_{k=1}^{+\infty} b_k$. Poiché sia la serie di partenza $\sum_{k=1}^{+\infty} a_k$ che tutti gli altri riordinamenti di essa possono essere riguardati come riordinamenti di $\sum_{k=1}^{+\infty} b_k$, concludiamo, per il *teorema di Riemann-Dini* (teorema 2.13), che le serie indeterminate non godono della proprietà commutativa.

Per completare il nostro studio andiamo a definire la *serie prodotto* di due serie assegnate: $\sum_{h=1}^{+\infty} a_h$ e $\sum_{k=1}^{+\infty} b_k$.

2.21 Serie prodotto di due serie assegnate

Date *due somme* di un *numero finito* di termini:

$$a = a_1 + a_2 + a_3 + \cdots\cdots + a_m = \sum_{h=1}^{m} a_h$$

e

$$b = b_1 + b_2 + b_3 + \cdots\cdots + b_n = \sum_{k=1}^{n} b_k$$

sappiamo che il loro *prodotto* $a \cdot b$ è la *somma* di $m \cdot n$ termini ciascuno dei quali è il *prodotto* di uno dei termini: $a_1, a_2, \cdots, a_h, \cdots, a_m$ per uno dei termini: $b_1, b_2, \cdots, b_k, \cdots, b_n$ cioè:

$$\begin{aligned} a \cdot b &= (a_1 + a_2 + a_3 + \cdots\cdots + a_m) \cdot (b_1 + b_2 + b_3 + \cdots\cdots + b_n) = \\ &= \left(\sum_{h=1}^{m} a_h\right) \cdot \left(\sum_{k=1}^{n} b_k\right) = \sum_{h=1}^{m} \left(\sum_{k=1}^{n} a_h \cdot b_k\right) \end{aligned}$$

I termini $a_h \cdot b_k$ possono essere *sommati* in un ordine qualsiasi perché la somma di un numero finito di termini gode della proprietà commutativa.

Date *due somme* di *infiniti termini*, cioè due serie:

$$\sum_{h=1}^{+\infty} a_h \quad e \quad \sum_{k=1}^{+\infty} b_k,$$

se vogliamo definire il *prodotto* tra esse seguendo lo stesso procedimento, moltiplicando cioè ogni termine a_h della prima per ciascuno dei termini b_k della seconda e sommando poi i prodotti $a_h \cdot b_k$, otteniamo *infinite serie prodotto*: una per ogni scelta del modo di riordinare i termini $a_h \cdot b_k$.

Se delle infinite serie prodotto, la generica delle quali viene denotata così:

$$\left(\sum_{h=1}^{+\infty} a_h\right) \cdot \left(\sum_{k=1}^{+\infty} b_k\right),$$

ne fissiamo una, tutte le infinite altre sono *riordinamenti* di essa.

Delle infinite serie prodotto quella che più comunemente si considera è la *serie prodotto di Cauchy* i cui termini sono ordinati come è indicato dalle frecce nella seguente tabella:

$$\begin{array}{lllll}
a_1\cdot b_1 & a_1\cdot b_2 & a_1\cdot b_3 & a_1\cdot b_4 & a_1\cdot b_5 \cdots \\
a_2\cdot b_1 & a_2\cdot b_2 & a_2\cdot b_3 & a_2\cdot b_4 & a_2\cdot b_5 \cdots \\
a_3\cdot b_1 & a_3\cdot b_2 & a_3\cdot b_3 & a_3\cdot b_4 & a_3\cdot b_5 \cdots \\
\end{array}$$

La *serie prodotto secondo Cauchy* è quindi:

$$\left(\sum_{h=1}^{m} a_h\right) \cdot \left(\sum_{k=1}^{n} b_k\right) = a_1\cdot b_1 + a_1\cdot b_2 + a_2\cdot b_1 + a_1\cdot b_3 + a_2\cdot b_2 + a_3\cdot b_1 + \cdots .$$

Non ci mettiamo qui ad indagare le relazioni che esistono tra i *caratteri* di due serie assegnate e quelle delle infinite *serie prodotto*. L'unica cosa che vogliamo fare è citare due teoremi utili nelle più comuni applicazioni.

Teorema 2.14 *Date due serie* $\sum_{h=1}^{+\infty} a_h$ *e* $\sum_{k=1}^{+\infty} b_k$, *se entrambe sono* assolutamente convergenti *ed hanno per somma rispettivamente S e S' allora ognuna delle loro infinite serie prodotto è assolutamente convergente ed ha per* somma *il prodotto delle somme $S \cdot S'$.*

Se di due serie $\sum_{h=1}^{+\infty} a_h$ e $\sum_{k=1}^{+\infty} b_k$ ci limitiamo a considerare la serie prodotto secondo Cauchy si ha quest'altro teorema.

Teorema 2.15 - *Teorema di Mertens*
Date due serie $\sum_{h=1}^{+\infty} a_h$ *e* $\sum_{k=1}^{+\infty} b_k$, *se entrambe sono* convergenti *ed hanno per somma rispettivamente S e S' e inoltre una delle due è assolutamente* convergente *allora la loro serie prodotto secondo Cauchy è convergente ed ha per* somma $S \cdot S'$.

§ 2.22 Riflessioni finali   149

Per terminare facciamo alcune riflessioni circa il "procedimento" seguito per dare un significato numerico al simbolo:

$$\sum_{k=1}^{+\infty} a_k.$$

2.22 Riflessioni finali

Nel paragrafo 2.1 per definire la somma degli infiniti termini di una successione $\{a_k\}$ cioè per dare un significato numerico al simbolo $\sum_{k=1}^{+\infty} a_k$ abbiamo dato un "procedimento" che nel seguito chiameremo "procedimento ordinario".

L'idea che lo ha suggerito è questa:

– se dobbiamo sommare $\overline{n}$ numeri in un certo ordine, si comincia con il sommare i primi due, al risultato ottenuto si somma il terzo, quindi al nuovo risultato il quarto e così via fino ad arrivare all'ultimo.

In simboli:
detti $a_1, a_2, a_3, \cdots, a_{\overline{n}}$ gli $\overline{n}$ numeri assegnati, la loro somma è il numero che compare nell'ultima riga della seguente tabella:

$s_1 = a_1$
$s_2 = a_1 + a_2$
$s_3 = a_1 + a_2 + a_3$
$\cdots\cdots\cdots$
$s_{\overline{n}} = a_1 + a_2 + a_3 + \cdots + a_{\overline{n}}$

Se i numeri da sommare sono gli infiniti termini di una successione $\{a_k\}$ il procedimento illustrato anziché gli $\overline{n}$ numeri:

$$s_1, s_2, \cdots\cdots, s_{\overline{n}}$$

genera una *successione di numeri*:

$$\{s_n\}$$

e viene spontaneo assumere come *somma* degli infiniti termini della successione $\{a_k\}$ il limite di $\{s_n\}$ se esiste ed è un numero S, cioè

$$\sum_{k=1}^{+\infty} a_k = \lim_{n\to\infty} s_n = S \; ;$$

se invece

$$\lim_{n\to\infty} s_n = \begin{cases} +\infty \\ -\infty \\ non\ esiste \end{cases}$$

il "procedimento" fissato non permette di dare un significato numerico al simbolo $\sum_{k=1}^{+\infty} a_k$, quindi è purtroppo inefficace. Nonostante questa limitazione, il "procedimento ordinario" ha il pregio di restituire come caso particolare la somma $s_{\bar{n}}$ di un numero finito $\bar{n}$ di numeri: $a_1, a_2, \cdots, a_{\bar{n}}$.

Vediamo come!

Se consideriamo una serie $\sum_{k=1}^{+\infty} b_k$ i cui termini sono così fatti:

$$b_k = \begin{cases} a_k & \text{se è } \; k \leq \bar{n} \\ 0 & \text{se è } \; k > \bar{n} \end{cases}$$

la successione delle sue somme parziali è:

$s_1 = a_1$
$s_2 = a_1 + a_2$
$\ldots\ldots\ldots$
$s_{\bar{n}} = a_1 + a_2 + \cdots + a_{\bar{n}}$
$s_{\bar{n}+1} = a_1 + a_2 + \cdots + a_{\bar{n}} + 0 = s_{\bar{n}}$
$\ldots\ldots\ldots$
$s_n = s_{\bar{n}} \quad$ se è $n > \bar{n}$

e quindi:

$$\lim_{n\to+\infty} s_n = \lim_{n\to+\infty} s_{\bar{n}} = s_{\bar{n}}.$$

Questo risultato ci autorizza a dire che il "procedimento ordinario" è un'*estensione* della definizione di somma da un *numero finito* ad un

§ 2.22 Riflessioni finali

numero infinito di termini e ciò "rende naturale" accettare come *somma* degli infiniti termini di una successione $\{a_k\}$ il

$$\lim_{n \to +\infty} s_n$$

se esiste ed è un numero.

Il "procedimento ordinario", sebbene "naturale" è sempre una convenzione. Ci chiediamo allora:

- è possibile trovare qualche altro "procedimento" altrettanto "naturale" che magari risulti "più efficace" di quello da noi adottato?

Andiamo a vedere!

Se una serie $\sum_{k=1}^{+\infty} a_k$ converge, secondo il "procedimento ordinario", ciascuna delle sue somme parziali $s_1, s_2, \cdots, s_n$ dà un *valore approssimato* della sua *somma* S che in generale non si riesce a calcolare.

Si può pensare di ottenere una *migliore approssimazione* di S, a parità di n, considerando le *medie aritmetiche* delle somme parziali $s_1, s_2, \cdots, s_n$, cioè:

$s'_1 = s_1$
$s'_2 = \frac{s_1 + s_2}{2}$
$s'_3 = \frac{s_1 + s_2 + s_3}{3}$
....
$s'_n = \frac{s_1 + s_2 + s_3 + \cdots + s_n}{n}$.

Questa idea, per ora un po' vaga, porta alla costruzione di quest'altro procedimento per definire la somma di infiniti termini.

Illustriamolo!

Tale "procedimento" dovuto a Cesàro consiste nel fare tre cose:

a) nel costruire la successione:

$s_1 = a_1$

$s_2 = a_1 + a_2$

$s_3 = a_1 + a_2 + a_3$

....

$$s_n = a_1 + a_2 + a_3 + \cdots + a_n$$

....

che viene ancora chiamata *successione delle somme parziali* della serie.

b) nel costruire quest'altra successione:

$s'_1 = s_1$

$s'_2 = \frac{s_1+s_2}{2}$

$s'_3 = \frac{s_1+s_2+s_3}{3}$

....

c) nell'effettuare su $\{s'_n\}$ l'operazione di limite:

$$\lim_{n \to +\infty} s'_n.$$

Come in ogni operazione di limite può accadere che:

$$\lim_{n \to \infty} s'_n = \begin{cases} S' \in \mathbb{R} \\ +\infty \\ -\infty \\ \text{non esiste} \end{cases}$$

Nel primo caso si dice che la serie *converge secondo Cesàro* e S' ne è la *somma*. Negli altri tre casi le locuzioni restano le stesse introdotte nel paragrafo 2.1.

Vengono allora naturali le seguenti domande:

- Se la serie $\sum_{k=1}^{+\infty} a_k$ è *convergente* secondo il "procedimento ordinario" è convergente anche secondo il "procedimento di Cesàro"?

- Se ciò avviene, la somma è la stessa cioè $S = S'$?

§ 2.22 Riflessioni finali

La risposta ce la dà il *teorema 1.20* applicato alla *successione delle somme parziali* $\{s_n\}$ della *serie* $\sum_{k=1}^{+\infty} a_k$, cioè:

Se esiste $\lim_{n \to +\infty} s_n$
allora esiste anche

$$\lim_{n \to +\infty} s'_n = \lim_{n \to +\infty} \frac{s_1 + s_n + \cdots + s_n}{n}$$

e risulta

$$\lim_{n \to +\infty} s'_n = \lim_{n \to +\infty} \frac{s_1 + s_n + \cdots + s_n}{n} = \lim_{n \to +\infty} s_n.$$

Possiamo allora concludere:

- Se una *serie* è *regolare* secondo il "procedimento ordinario" (cioè esiste $\lim_{n \to +\infty} s_n$) lo è anche secondo il "procedimento di Cesàro" (cioè esiste $\lim_{n \to +\infty} s'_n$);

  in particolare, se la serie *converge* secondo il "procedimento ordinario" allora *converge* anche secondo il "procedimento di Cesàro" e le due *somme* coincidono, cioè $S = S'$.

Siccome l'*ipotesi* di tale *teorema* è una *condizione sufficiente* ma *non necessaria* per l'*esistenza* del

$$\lim_{n \to +\infty} s'_n = \lim_{n \to +\infty} \frac{s_1 + s_n + \cdots + s_n}{n},$$

può accadere che una serie sia *convergente* secondo il "procedimento di Cesàro" ed *indeterminata* secondo il "procedimento ordinario".

A mostrarci il verificarsi di quest'ultima circostanza è il seguente esempio.

Esempio 2.21 *La serie* $\sum_{k=1}^{+\infty} (-1)^{k+1}$ *costruita a partire dalla successione:*

$$a_k = (-1)^{k+1} \quad k \in \mathbb{N}$$

ha la seguente successione di somme parziali:

$s_1 = a_1 = 1$

$s_2 = a_1 + a_2 = 1 - 1 = 0$

$s_3 = a_1 + a_2 + a_3 = 1 - 1 + 1 = 1$

....

$$s_n = \begin{cases} 0 & se \quad n \in \mathbb{N}_p \\ 1 & se \quad n \in \mathbb{N}_d \end{cases}$$

Poiché $\nexists \lim_{n \to +\infty} s_n$ concludiamo che la serie data è indeterminata secondo il "procedimento ordinario".

Vediamo ora quale è il suo carattere secondo il "procedimento" di Cesàro.

$s'_1 = s_1 = 1$

$s'_2 = \frac{s_1+s_2}{2} = \frac{1+0}{2} = \frac{1}{2}$

$s'_3 = \frac{s_1+s_2+s_3}{3} = \frac{1+0+1}{3} = \frac{2}{3}$

$s'_4 = \frac{s_1+s_2+s_3+s_4}{3} = \frac{1+0+1+0}{4} = \frac{1}{2}$

$s'_5 = \frac{s_1+s_2+s_3+s_4+s_5}{5} = \frac{1+0+1+0+1}{5} = \frac{3}{5}$

$s'_6 = \frac{s_1+s_2+s_3+s_4+s_5+s_6}{6} = \frac{1+0+1+0+1+0}{6} = \frac{3}{6} = \frac{1}{2}$

$s'_7 = \frac{s_1+s_2+s_3+s_4+s_5+s_6+s_7}{7} = \frac{1+0+1+0+1+0+1}{7} = \frac{4}{7}$

....

$$s'_n = \frac{s_1+s_2+\cdots+s_n}{n} = \begin{cases} \frac{1}{2} & se \quad n \in \mathbb{N}_p \\ \frac{\frac{n+1}{2}}{n} = \frac{n+1}{2n} & se \quad n \in \mathbb{N}_d \end{cases}$$

....

da cui

$$\lim_{n \to +\infty} s'_n = \frac{1}{2}$$

e quindi la serie data converge ed ha per somma $\frac{1}{2}$ secondo il "procedimento" di Cesàro.

L'esempio esaminato ci fa porre il seguente interrogativo:

§ 2.22 Riflessioni finali

– Se il "procedimento di Cesàro" è più efficace di quello "ordinario", nel senso che permette di attribuire un significato numerico ad un "numero maggiore" di serie, perché quando si parla del carattere di una serie si fa sempre riferimento a quest'ultimo?

La risposta è immediata se si tiene conto della difficoltà di trovare una *rappresentazione analitica* della legge d'associazione di $\{s_n\}$ e quindi di $\{s'_n\}$.

Molte altre cose di carattere applicativo si potrebbero dire sulle serie numeriche ma terminiamo qui il nostro discorso invitando lo Studente a risolvere gli esercizi qui di seguito proposti.

Esercizi sugli argomenti trattati nel Capitolo 2

Sulla definizione di serie

1. Data una serie $\sum_{k=1}^{+\infty} a_k$, se $\lim_{k\to+\infty} a_k = a > 0$ è certo che la serie è divergente a $+\infty$?

2. Data una serie $\sum_{k=1}^{+\infty} a_k$, se $\lim_{k\to+\infty} a_k = a < 0$ è certo che la serie è divergente a $-\infty$?

3. Data una serie $\sum_{k=1}^{+\infty} a_k$ con $a_k < 0$, se $\lim_{k\to+\infty} a_k = 0$ che si può dire circa il suo carattere?

4. Data una serie $\sum_{k=1}^{+\infty} a_k$, se un numero finito dei suoi termini è di segno negativo è certo che la serie non può essere né divergente a $-\infty$ né indeterminata?

5. Data una serie $\sum_{k=1}^{+\infty} a_k$ con $a_k > 0$, se essa è convergente è certo che anche la serie $\sum_{k=1}^{+\infty} a_k^2$ lo è?

A titolo di esempio risolviamo gli esercizi 1., 4. e 5.

Esercizio 1
Da $\lim\limits_{k\to+\infty} a_k = a > 0$ seguono due cose:

I) La serie non è convergente perché il criterio di convergenza di Cauchy non è verificato per $p = 1$.

II) Essendo il limite $a > 0$, i termini a_k della serie sono positivi da un certo $\overline{k}$ in poi e quindi la serie resto $\sum\limits_{k=\overline{k}+1}^{+\infty} a_k$ è a termini positivi.

Poiché le serie $\sum\limits_{k=1}^{+\infty} a_k$ e $\sum\limits_{k=\overline{k}+1}^{+\infty} a_k$ hanno lo stesso carattere, essendo quest'ultima divergente a $+\infty$ perché a termini positivi e perché $\lim\limits_{k\to+\infty} a_k = a \neq 0$, segue che la serie data è divergente a $+\infty$.

Esercizio 4
Poiché la serie ha un numero finito di termini negativi, da un certo $\overline{k}$ in poi tutti i suoi termini sono positivi o nulli e quindi la serie o è convergente o è divergente a $+\infty$ perché tale è la sua serie resto di ordine $\overline{k}$.

Esercizio 5
La serie $\sum\limits_{k=1}^{+\infty} a_k^2$ essendo a termini positivi può essere convergente o divergente a $+\infty$ perché tale è la successione $\{s_n\}$ delle sue somme parziali. Detta $\{s'_n\}$ la successione delle somme parziali della serie data e S' la sua somma, tra $\{s_n\}$ e $\{s'_n\}$ sussiste la relazione:

$$s_n < (s'_n)^2$$

Per il *teorema* 1.8 (teorema del confronto), si ha:

$$\lim_{n\to+\infty} s_n \leq \lim_{n\to+\infty} (s'_n)^2 = S'^2$$

e quindi la serie $\sum\limits_{k=1}^{+\infty} a_k^2$ è convergente.

Sul calcolo della somma di una serie

Esercizio 2.1 *Calcolare la somma delle seguenti serie numeriche:*

1. $\sum_{k=2}^{+\infty}(\frac{1}{3})^{k-1}$

2. $\sum_{k=3}^{+\infty}(\frac{1}{3})^{k-1}$

3. $\sum_{k=1}^{+\infty}\frac{1}{(\lambda+k)\cdot(\lambda+k+1)}$ *con* $\lambda \notin \mathbb{Z}^-$ *(insieme dei numeri interi negativi)*

Esercizio 2.2 *Dimostrare che ogni numero decimale periodico semplice [7] può essere espresso mediante una frazione (frazione generatrice) che è somma di una serie.*

Esercizio 2.3 *Dire per quali valori di $x \in \mathbb{R}$ sono convergenti le seguenti serie; nel caso poi che siano convergenti, calcolarne la somma:*

1. $\sum_{k=1}^{+\infty}(\log x)^{k-1}$

2. $\sum_{k=1}^{+\infty}(\log x)^{2k+1}$

3. $\sum_{k=1}^{+\infty}\frac{(1+x)^k}{1+x^2}$

4. $\sum_{k=1}^{+\infty}(e^{-3k}\cdot x^k)$

Esercizio 2.4 *Dire se la serie $\sum_{k=1}^{+\infty}\frac{3^{-k}}{k+1}$ è convergente; se lo è, detta S la sua somma, dire inoltre se è certo che risulta $S > 1$.*

---

[7] Un numero decimale periodico si dice che è *periodico semplice* se è del tipo $0,\overline{35}$, $0,\overline{141}$, $0,\overline{3}$, ecc.

A titolo di esempio risolviamo gli esercizi 2.1 (punti 1 e 3), 2.2, 2.3 (punti 2 e 4) e 2.4.

Esercizio 2.1

1. Si tratta della serie resto di ordine uno della serie geometrica $\sum_{k=1}^{+\infty}(\frac{1}{3})^{k-1}$.
   Essendo quest'ultima convergente perché di ragione $x = \frac{1}{3}$ segue che la serie data è convergente e la sua somma è:
   $$S = \frac{1}{1-\frac{1}{3}} - 1 = \frac{3}{2} - 1 = \frac{1}{2}$$

3. Il termine generale della serie in istudio è
   $$a_k = \frac{1}{(\lambda+k)\cdot(\lambda+k+1)}.$$

   Poiché per $\lambda = 0$ riotteniamo come caso particolare la serie di Mengoli esaminata nel paragrafo 2.2, per ottenere una "formula" che esprima il termine generale s_n della successione $\{s_n\}$ nella quale non compaiono i puntini di sospensione proviamo a seguire lo stesso procedimento utilizzato nello studio della serie di Mengoli.
   Si ha:
   $$\begin{aligned}a_k &= \frac{1}{(\lambda+k)\cdot(\lambda+k+1)} = \frac{A}{\lambda+k} + \frac{B}{\lambda+k+1} \\ &= \frac{A\cdot(\lambda+k+1)+B\cdot(\lambda+k)}{(\lambda+k)\cdot(\lambda+k+1)} = \frac{(A+B)\cdot k + (A+B)\cdot\lambda + A}{(\lambda+k)\cdot(\lambda+k+1)}\end{aligned}$$

   L'uguaglianza sussiste se è:
   $$\begin{cases} A+B = 0 \\ (A+B)\cdot\lambda + A = 1 \end{cases} \Leftrightarrow \begin{cases} A+B = 0 \\ A = 1 \end{cases}$$

   cioè per $A = 1$ e $B = -1$.
   Scrivendo
   $$a_k = \frac{1}{\lambda+k} - \frac{1}{\lambda+k+1}$$

e costruendo la successione delle somme parziali otteniamo la "formula" cercata:
$$s_n = \frac{1}{\lambda+1} - \frac{1}{\lambda+n+2}, \quad n \in \mathbb{N}.$$
Effettuando su $\{s_n\}$ l'operazione di limite otteniamo:
$$\lim_{n\to+\infty} s_n = \lim_{n\to+\infty}\left(\frac{1}{\lambda+1} - \frac{1}{\lambda+n+2}\right) = \frac{1}{\lambda+1}$$
e quindi la serie data è convergente.

Esercizio 2.2

Consideriamo ad esempio il numero $0,\overline{35} = 0,353535\cdots$. Esso può essere scritto anche così:
$$\begin{aligned}
0.353535\cdots &= \frac{35}{100} + \frac{35}{100^2} + \frac{35}{100^3} + \cdots = \\
&= \frac{35}{100}\left(1 + \left(\frac{1}{100}\right) + \left(\frac{1}{100}\right)^2 + \cdots\right) = \frac{35}{100}\cdot\frac{1}{1-\frac{1}{100}} = \\
&= \frac{35}{100}\cdot\frac{100}{99} = \frac{35}{99} \quad \text{(frazione generatrice)}
\end{aligned}$$
abbiamo così riottenuta in questo caso particolare la nota regoletta per trovare la frazione generatrice di un numero periodico semplice.

Esercizio 2.3

2.
$$\sum_{k=1}^{+\infty}(\log x)^{2k+1} = \sum_{k=1}^{+\infty}(\log x)^{2k}\cdot \log x = \log x \cdot \sum_{k=1}^{+\infty}\left[(\log x)^2\right]^k.$$

La serie $\sum_{k=1}^{+\infty}\left[(\log x)^2\right]^k$ è la serie resto di ordine uno di una serie di tipo geometrico ed è convergente se
$$\begin{aligned}
x \in A &= \{x \in \mathbb{R}: -1 < (\log x)^2 < 1\} = \{x \in \mathbb{R}: (\log x)^2 - 1 < 0\} = \\
&= \{x \in \mathbb{R}: -1 < \log x < 1\} = \{x \in \mathbb{R}: \frac{1}{e} < x < e\} = \left(\frac{1}{e}, e\right).
\end{aligned}$$

La sua somma è $S = \log x \cdot \left(\frac{1}{1-(\log x)^2} - 1\right) = \frac{(\log x)^3}{1-(\log x)^2}$.

4.
$$\sum_{k=1}^{+\infty} e^{-3k} \cdot x^k = \sum_{k=1}^{+\infty} \left(e^{-3} \cdot x\right)^k.$$

La serie data è la serie resto di ordine uno di una serie di tipo geometrico ed è convergente se:

$$\begin{aligned} x \in A &= \{x \in \mathbb{R} : -1 < e^{-3}x < 1\} = \\ &= \{x \in \mathbb{R} : -e^3 < x < e^3\} = (-e^3, e^3) \end{aligned}$$

La sua somma è $S = \frac{1}{1-e^{-3}x} - 1 = \frac{e^3}{e^3-x} - 1 = \frac{x}{e^3-x}$.

Esercizio 2.4 Si tratta di una serie a termini positivi e quindi convergenza e convergenza assoluta si identificano.

Poiché $|a_k| = a_k = \frac{3^{-k}}{k+1} = \frac{1}{3^k \cdot (k+1)} < \frac{1}{3^k} = \left(\frac{1}{3}\right)^k$ e poiché la serie $\sum_{k=1}^{+\infty} \left(\frac{1}{3}\right)^k$ è convergente in quanto serie resto di ordine uno di una serie geometrica convergente, per il *criterio del confronto - Parte I*, concludiamo che la serie data è convergente e la sua somma S è minore della somma S' della serie $\sum_{k=1}^{+\infty} \left(\frac{1}{3}\right)^k$.

Poiché $S' = \frac{1}{1-\frac{1}{3}} - 1 = \frac{3}{2} - 1 = \frac{1}{2}$ l'affermazione: $S > 1$ è falsa.

Sul carattere delle serie

Esercizio 2.5 *Dire quale è il carattere di ciascuna delle seguenti serie:*

1. $\sum_{k=1}^{+\infty} \frac{k^2}{k^2+1}$

2. $\sum_{k=1}^{+\infty} \frac{\log(k+2)}{\log(k+1)}$

3. $\sum_{k=1}^{+\infty} \frac{k!(k+1)!}{(2k)!}$

4. $\sum_{k=1}^{+\infty} \frac{2^k k^{2k}}{(2k)!}$

5. $\sum_{k=1}^{+\infty} \frac{(k!)^2}{(2k)!}$

6. $\sum_{k=1}^{+\infty} \frac{k^k}{(2k)!}$

7. $\sum_{k=1}^{+\infty} \left(\frac{k}{k+2}\right)^{k^2}$

8. $\sum_{k=2}^{+\infty} \frac{k}{k^2-1}$

9. $\sum_{k=1}^{+\infty} \frac{k^{k+1} k!}{(2k+1)!}$

10. $\sum_{k=1}^{+\infty} \frac{1}{k^2} \cdot \int_1^{k^3} \frac{\arctan x}{x^2} dx$

11. $\sum_{k=2}^{+\infty} \frac{\log \log k}{k^2}$

12. $\sum_{k=2}^{+\infty} \frac{1}{\sqrt[k]{\log k}}$

13. $\sum_{k=1}^{+\infty} (-1)^k \frac{\log k}{k - \log k}$

14. $\sum_{k=1}^{+\infty} (-1)^k \frac{5^k}{(k-1)!}$

15. $\sum_{k=1}^{+\infty} (-1)^k \left(1 - \cos \frac{1}{k}\right)$

16. $\sum_{k=1}^{+\infty} (-1)^k \log(1+\frac{1}{k})$

17. $\sum_{k=2}^{+\infty} \frac{\sqrt[k]{k+1}-1}{\log k}$

18. $\sum_{k=1}^{+\infty} \frac{(\log k)^2}{k^2+\log(k!)}$

19. $\sum_{k=1}^{+\infty} \frac{k}{k+2} \log(\cos \frac{1}{k})$

Esercizio 2.6 *Dire per quali valori reali del parametro α ciascuna delle seguenti serie è convergente:*

1. $\sum_{k=1}^{+\infty} \left[\left(1+\frac{1}{k}\right)^{k^\alpha} - 1\right]$ *con* $\alpha \in \mathbb{R}$

2. $\sum_{k=1}^{+\infty} \frac{1}{\alpha^k(\sqrt{k}-\sqrt{k+1})}$ *con* $\alpha > 0$

3. $\sum_{k=1}^{+\infty} \frac{\alpha + \sqrt[k]{k^2+1}-1}{[\alpha]!+k^{\log \alpha}}$ *con* $\alpha > 0$

4. $\sum_{k=1}^{+\infty} \left(\alpha - \frac{\sqrt{k^2+\sin \frac{1}{k}}}{k}\right)$ *con* $\alpha \in \mathbb{R}$

5. $\sum_{k=1}^{+\infty} \frac{1}{(k\alpha)^{k\alpha}+\alpha^k}$ *con* $\alpha > 0$

6. $\sum_{k=1}^{+\infty} \frac{(\alpha-1)^k}{(k+2)!}$ *con* $\alpha \in \mathbb{R}$

7. $\sum_{k=1}^{+\infty} \frac{(\alpha+2)^{k^2}}{k^k}$ *con* $\alpha \in \mathbb{R}$

8. $\sum_{k=1}^{+\infty} \frac{k \cdot 2^k}{\alpha^k}$ *con* $\alpha \in \mathbb{R} - \{0\}$

9. $\sum_{k=1}^{+\infty} \frac{(\alpha^2-1)^k}{k+2}$ con $\alpha \in \mathbb{R}$

10. $\sum_{k=1}^{+\infty} \frac{(\alpha+2)^k}{\sqrt{k}}$ con $\alpha \in \mathbb{R}$

11. $\sum_{k=1}^{+\infty} \frac{e^{\alpha k}}{k e^{2k}}$ con $\alpha \in \mathbb{R}$

12. $\sum_{k=1}^{+\infty} \frac{3^{\alpha k}}{k+1}$ con $\alpha \in \mathbb{R}$

13. $\sum_{k=1}^{+\infty} \frac{1}{k^\alpha} \arctan k^{|\alpha|}$ con $\alpha \in \mathbb{R}$

14. $\sum_{k=1}^{+\infty} \left(1 - \frac{\alpha}{k}\right)^{k^2}$ con $\alpha \in \mathbb{R}$

15. $\sum_{k=1}^{+\infty} \frac{2k+1}{k\alpha^k}$ con $\alpha \in \mathbb{R} - \{0\}$

16. $\sum_{k=2}^{+\infty} \frac{1}{(\log k)^\alpha}$ con $\alpha \in \mathbb{R}$

17. $\sum_{k=1}^{+\infty} \frac{k^2}{2^k} \left(\frac{\alpha}{\alpha+1}\right)^k$ con $\alpha \in \mathbb{R} - \{1\}$

18. $\sum_{k=1}^{+\infty} \sqrt{k} \left(1 - \cos \frac{1}{k}\right)^\alpha$ con $\alpha \in \mathbb{R}$

19. $\sum_{k=1}^{+\infty} \left(\sqrt{k+1} - \sqrt{k}\right)^\alpha \log(k!)$ con $\alpha \in \mathbb{R}$
    (si suggerisce l'uso della formula di Stirling $k! \sim \sqrt{2\pi k} \cdot k^k \cdot e^{-k}$)

20. $\sum_{k=1}^{+\infty} \left(1 + \sin \frac{1}{k}\right)^{k^2} (\alpha - 1)^k$ con $\alpha \in \mathbb{R}$

21. $\sum_{k=1}^{+\infty} \frac{1 - e^{\sqrt{k^2+\alpha^2}-k}}{\sqrt{k}}$ con $\alpha \in \mathbb{R}$

22. $\sum_{k=1}^{+\infty} k \left[e^{\frac{\alpha}{k^2}} - \cos \frac{\alpha+1}{k} \right]$ con $\alpha \in \mathbb{R}$

A titolo di esempio risolviamo dell'esercizio 2.5 i punti 1., 3., 7., 10., 15., 17., 19. e dell'esercizio 2.6 i punti 1., 2., 3. e 4.

Esercizio 2.5

1. È
$$a_k = \frac{k^2}{k^2+1} > 0 \Rightarrow |a_k| = a_k \Rightarrow$$
$$\Rightarrow \begin{cases} \text{o la serie converge} \\ \text{o la serie diverge a } +\infty \end{cases}$$

Poiché $\lim_{k \to +\infty} \frac{k^2}{k^2+1} = 1 \neq 0$ concludiamo che la serie diverge a $+\infty$.

3. È
$$a_k = \frac{k!(k+1)!}{(2k)!} > 0 \Rightarrow |a_k| = a_k \Rightarrow$$
$$\Rightarrow \begin{cases} \text{o la serie converge} \\ \text{o la serie diverge a } +\infty \end{cases}$$

Applicando il corollario del criterio del rapporto si ha:
$$\lim_{k \to +\infty} \frac{|a_{k+1}|}{|a_k|} = \lim_{k \to +\infty} \frac{\cancel{(k+1)!}(k+2)!}{[2(k+1)]!} \cdot \frac{(2k)!}{k!\cancel{(k+1)!}} =$$
$$= \lim_{k \to +\infty} \frac{(k+2)(k+1)k!\cancel{k!}}{(2k+2)(2k+1)\cancel{(2k)!}} \cdot \frac{\cancel{(2k)!}}{\cancel{k!}} = \frac{1}{4} < 1$$

quindi la serie è convergente.

7. È
$$a_k = \left(\frac{k}{k+2}\right)^{k^2} > 0 \Rightarrow |a_k| = a_k \Rightarrow$$
$$\Rightarrow \begin{cases} \text{o la serie converge} \\ \text{o la serie diverge a } +\infty \end{cases}$$

Applicando il corollario del criterio della radice si ha:

$$\lim_{k\to+\infty} \sqrt[k]{|a_k|} = \lim_{k\to+\infty} |a_k|^{\frac{1}{k}} = \lim_{k\to+\infty} \left[\left(\frac{k}{k+2}\right)^{k^2}\right]^{\frac{1}{k}} =$$
$$= \lim_{k\to+\infty} \left(\frac{k}{k+2}\right)^k = \lim_{k\to+\infty} \frac{1}{\left(1+\frac{2}{k}\right)^k} = \frac{1}{e^2} < 1$$

quindi la serie è convergente.

10. È
$$a_k = \frac{1}{k^2}\int_1^{k^3} \frac{\arctan x}{x^2} dx \geq 0 \Rightarrow |a_k| = a_k \Rightarrow$$
$$\Rightarrow \begin{cases} \text{o la serie converge} \\ \text{o la serie diverge a } +\infty \end{cases}$$

Poiché $\forall x \in \mathbb{R} \Rightarrow \arctan x < \frac{\pi}{2}$, applicando il criterio del confronto-Parte I si ha:

$$|a_k| = \frac{1}{k^2}\int_1^{k^3} \frac{\arctan x}{x^2} dx < \frac{\pi}{2}\frac{1}{k^2}\int_1^{k^3} \frac{1}{x^2} dx =$$
$$= \frac{\pi}{2}\frac{1}{k^2}\left[-\frac{1}{x}\right]_1^{k^3} = \frac{\pi}{2}\frac{1}{k^2}\left(-\frac{1}{k^3}+1\right) = \frac{\pi}{2}\left(\frac{1}{k^2}-\frac{1}{k^5}\right).$$

Siccome la serie $\sum\limits_{k=1}^{+\infty}\left(\frac{1}{k^2}-\frac{1}{k^5}\right)$ è convergente in quanto serie differenza di due serie armoniche generalizzate con $\alpha > 1$, concludiamo che la serie data è convergente.

15. È $a_k = (-1)^k \left(1 - \cos \frac{1}{k}\right)$. Si tratta di una serie a termini di segno alterno essendo $1 - \cos \frac{1}{k} > 0$.

Vediamo se converge assolutamente!

Per il criterio del confronto asintotico, si ha:

$$|a_k| = 1 - \cos \frac{1}{k} \simeq \frac{1}{2}\frac{1}{k^2}.$$

Poiché la serie $\sum_{k=1}^{+\infty} \frac{1}{k^2}$ è convergente in quanto serie armonica generalizzata con $\alpha = 2$, concludiamo che la serie data converge assolutamente.

17. È

$$a_k = \frac{\sqrt[k]{k+1} - 1}{\log k} > 0 \Rightarrow |a_k| = a_k \Rightarrow$$

$$\Rightarrow \begin{cases} o \quad la \quad serie \quad converge \\ o \text{ la serie diverge a } +\infty \end{cases}$$

Poiché $|a_k| = a_k = \frac{\sqrt[k]{k+1}-1}{\log k} = \frac{e^{\frac{\log(k+1)}{k}}-1}{\log k}$ e $\lim_{k \to +\infty} \frac{\log(k+1)}{k} = 0$, si ha:

$$|a_k| = a_k = \frac{e^{\frac{\log(k+1)}{k}} - 1}{\log k} \simeq \frac{\frac{\log(k+1)}{k}}{\log k} = \frac{\log(k+1)}{k \log k} \simeq \frac{1}{k}$$

e quindi per il criterio del confronto asintotico la serie data ha lo stesso carattere della serie $\sum_{k=1}^{+\infty} \frac{1}{k}$ che è divergente a $+\infty$ quindi la serie diverge a $+\infty$.

19. È
$$a_k = \frac{k}{k+2}\log(\cos\frac{1}{k}) < 0 \Rightarrow$$
$$\Rightarrow \begin{cases} \text{o la serie converge} \\ \text{o la serie diverge a } -\infty \end{cases}$$

Poiché
$$|a_k| = \frac{k}{k+2}\left|\log(\cos\frac{1}{k})\right| =$$
$$= \frac{k}{k+2}\left|\log\left[(\cos\frac{1}{k}-1)+1\right]\right| \simeq \frac{k}{k+2}\left(1-\cos\frac{1}{k}\right) \simeq$$
$$\simeq \frac{k}{k+2}\frac{1}{2}\left(\frac{1}{k}\right)^2 = \frac{1}{2}\frac{k}{k^2(k+2)} \simeq$$
$$\simeq \frac{1}{2}\frac{1}{k^2}$$

e quindi per il criterio del confronto asintotico la serie data ha lo stesso carattere della serie $\sum_{k=1}^{+\infty}\frac{1}{k^2}$ che è convergente, quindi la serie data è assolutamente convergente.

Esercizio 2.6

1. È
$$a_k = (1+\frac{1}{k})^{k^\alpha} - 1 > 0 \Rightarrow |a_k| = a_k \Rightarrow$$
$$\Rightarrow \begin{cases} \text{o la serie converge} \\ \text{o la serie diverge a } +\infty \end{cases}$$

$$|a_k| = a_k = e^{k^\alpha \log(1+\frac{1}{k})} - 1 \simeq e^{k^{\alpha-1}} - 1 = b_k.$$

La serie $\sum_{k=1}^{+\infty} b_k$ ha lo stesso carattere della serie $\sum_{k=1}^{+\infty} |a_k|$. Poiché

$$\lim_{k \to +\infty} b_k = \begin{cases} e-1 & \text{se} \quad \alpha - 1 = 0 \\ +\infty & \text{se} \quad \alpha - 1 > 0 \\ 0 & \text{se} \quad \alpha - 1 < 0 \end{cases}$$

concludiamo che se è $\alpha - 1 \geq 0$ la serie diverge a $+\infty$. Se è invece $\alpha - 1 < 0$ si ha:

$$|a_k| \simeq b_k \simeq k^{\alpha - 1} = \frac{1}{k^{1-\alpha}}$$

e quindi la serie converge se è $1 - \alpha > 1$; diverge se è $0 < 1 - \alpha \leq 1$.

Riassumendo:

la serie converge se è $\alpha < 0$, diverge a $+\infty$ se è invece $\alpha \geq 0$.

2. È

$$a_k = \frac{1}{\alpha^k(\sqrt{k} - \sqrt{k+1})} < 0 \Rightarrow$$

$$\Rightarrow \begin{cases} \text{o la serie converge} \\ \text{o la serie diverge a } -\infty \end{cases}$$

$|a_k| = \frac{\sqrt{k} + \sqrt{k+1}}{\alpha^k} \simeq 2\frac{\sqrt{k}}{\alpha^k} = 2 \cdot b_k$.

La serie $\sum_{k=1}^{+\infty} b_k$ ha lo stesso carattere della serie $\sum_{k=1}^{+\infty} |a_k|$. Poiché

$$\lim_{k \to +\infty} |b_k| = \lim_{k \to +\infty} \frac{\sqrt{k}}{\alpha^k} = \begin{cases} +\infty & \text{se } \alpha \leq 1 \\ 0 & \text{se } \alpha > 1 \end{cases}$$

concludiamo che se è $\alpha \leq 1$ la serie data diverge a $-\infty$. Se è invece $\alpha > 1$, applicando il corollario del criterio della radice si ha:

$$\lim_{k \to +\infty} \left(\frac{\sqrt{k}}{\alpha^k}\right)^{\frac{1}{k}} = \lim_{k \to +\infty} \frac{k^{\frac{1}{2k}}}{\alpha} = \frac{1}{\alpha} < 1$$

e pertanto la serie è convergente.

3. È
$$a_k = \frac{\alpha + \sqrt[k]{k^2+1} - 1}{[\alpha]! + k^{\log \alpha}} > 0 \Rightarrow |a_k| = a_k \Rightarrow$$
$$\Rightarrow \begin{cases} \text{o la serie converge} \\ \text{o la serie diverge a} \quad +\infty \end{cases}$$

Poiché
$$\lim_{k \to +\infty} \sqrt[k]{k^2+1} = \lim_{k \to +\infty} e^{\frac{\log(k^2+1)}{k}} = 1$$

si ha che
$$\lim_{k \to +\infty} |a_k| = \begin{cases} 0 & \text{se} \quad \alpha > 1 \\ \frac{1}{2} & \text{se} \quad \alpha = 1 \\ +\infty & \text{se} \quad 0 < \alpha < 1 \end{cases}$$

concludiamo allora che se è $0 < \alpha \leq 1$ la serie diverge a $+\infty$. Se è $\alpha > 1$ applicando il criterio del confronto asintotico si ha:
$$|a_k| \simeq \frac{\alpha}{k^{\log \alpha}} = \alpha \frac{1}{k^{\log \alpha}}$$

e quindi la serie è convergente se è $\log \alpha > 1$ cioè $\alpha > e$; divergente a $+\infty$ se è $1 < \alpha \leq e$.

Riassumendo:

la serie è divergente a $+\infty$ se è $\alpha \in (0, e]$, convergente se è $\alpha > e$.

4. È $a_k = \alpha - \frac{\sqrt{k^2 + \sin \frac{1}{k}}}{k}$ ed il segno dipende da α.
$$|a_k| = \left| \alpha - \frac{\sqrt{k^2 + \sin \frac{1}{k}}}{k} \right|$$

e

$$\lim_{k\to+\infty}|a_k| = \lim_{k\to+\infty}\left|\alpha - \frac{\sqrt{k^2+\sin\frac{1}{k}}}{k}\right| =$$

$$= \lim_{k\to+\infty}\left|\alpha - \sqrt{\frac{k^2+\sin\frac{1}{k}}{k^2}}\right| = |\alpha-1|.$$

Se è $|\alpha-1| \neq 0$ la serie non è convergente. Se è invece $|\alpha-1| = 0$ cioè $\alpha = 1$ occorre indagare.

Se è

$$\alpha = 1 \Rightarrow |a_k| = \left|1 - \sqrt{1+\frac{\sin\frac{1}{k}}{k^2}}\right| = \left|\left(1+\frac{\sin\frac{1}{k}}{k^2}\right)^{\frac{1}{2}} - 1\right| \sim$$

$$\sim \left|\frac{1}{2}\frac{\sin\frac{1}{k}}{k^2}\right| = \frac{1}{2}\frac{|\sin\frac{1}{k}|}{k^2} \leq \frac{1}{2}\cdot\frac{1}{k^2}.$$

Poiché la serie $\sum_{k=1}^{+\infty}\frac{1}{k^2}$ è convergente, per il *criterio del confronto - Parte I* la serie converge assolutamente.

Risposte agli esercizi del Capitolo 2

Sulla definizione di serie

2. Si

3. o la serie è convergente o è divergente a $+\infty$.

Sul calcolo della somma di una serie

Risposta 2.1   2. $S = \frac{1}{6}$

Risposta 2.3   1. $x \in \left(\frac{1}{e}, e\right)$; $S = \frac{1}{1-\log x}$

3. $x \in (-2, 0)$; $S = -\frac{1+x}{x(1+x^2)}$

Sul carattere delle serie

Risposta 2.5   2. *è divergente a* $+\infty$

4. *è divergente a* $+\infty$

5. *è convergente*

6. *è convergente*

8. *è divergente a* $+\infty$

9. *è convergente*

11. è convergente

12. è divergente a $+\infty$

13. è convergente ma non assolutamente

14. è convergente assolutamente

16. è convergente ma non assolutamente

18. è convergente assolutamente

Risposta 2.6   5. converge se è $\alpha \in (0,1)$

6. converge $\forall \alpha \in \mathbb{R}$

7. converge assolutamente se è $\alpha \in [-3, -1]$

8. converge assolutamente se è $\alpha \in (-\infty, -2) \cup (2, +\infty)$

9. converge assolutamente se è $\alpha \in (-\sqrt{2}, 0) \cup (0, \sqrt{2})$; converge ma non assolutamente se è $\alpha = 0$

10. converge assolutamente se è $\alpha \in (-3, -1)$; converge ma non assolutamente se è $\alpha = -3$

11. converge se è $\alpha \in (-\infty, 2)$

12. converge se è $\alpha \in (-\infty, 0)$

13. converge se è $\alpha \in (1, +\infty)$

14. converge assolutamente se è $\alpha \in (0, +\infty)$

15. converge assolutamente se è $\alpha \in (-\infty, -1) \cup (1, +\infty)$

16. non converge per alcun valore di $\alpha \in \mathbb{R}$

17. converge assolutamente se è $\alpha \in (-\infty, -2) \cup (-\frac{2}{3}, +\infty)$

18. converge se è $\alpha \in (\frac{3}{4}, \infty)$

19. *converge se è $\alpha \in [6, +\infty)$*

20. *converge assolutamente se è $\alpha \in (1 - \frac{1}{e}, 1 + \frac{1}{e})$*

21. *converge $\forall \alpha \in \mathbb{R}$*

22. *non converge per alcun valore di $\alpha \in \mathbb{R}$*

www.ingramcontent.com/pod-product-compliance
Lightning Source LLC
Chambersburg PA
CBHW080246180526
45167CB00006B/2430